- 国家重点研发计划专题"城市'外洪-内涝'链生灾害耦合机理（2022YFC3090601-1）"
- 南京水利科学研究院中央级公益性科研院所基本科研业务费用专项资金项目"变化环境下多变量洪水设计值计算方法研究（Y522010）"
- 南京水利科学研究院出版基金资助出版

U0381291

非一致性条件下 多变量洪水设计值 计算方法

FEIYIZHIXING TIAOJIAN XIA
DUOBIANLIANG HONGSHUI SHEJI ZHI
JISUAN FANGFA

姚 轶　胡义明　梁忠民◎著

河海大学出版社
HOHAI UNIVERSITY PRESS
·南京·

图书在版编目(CIP)数据

非一致性条件下多变量洪水设计值计算方法 / 姚轶，
胡义明，梁忠民著. -- 南京：河海大学出版社，2024.
6. -- ISBN 978-7-5630-9110-2

Ⅰ. TV131.4

中国国家版本馆 CIP 数据核字第 2024KZ7889 号

书　　名	非一致性条件下多变量洪水设计值计算方法	
书　　号	ISBN 978-7-5630-9110-2	
责任编辑	周　贤	
特约校对	温丽敏	
封面设计	徐娟娟	
出版发行	河海大学出版社	
地　　址	南京市西康路 1 号(邮编：210098)	
电　　话	(025)83737852(总编室)　(025)83722833(营销部)	
	(025)83787157(编辑室)	
经　　销	江苏省新华发行集团有限公司	
排　　版	南京布克文化发展有限公司	
印　　刷	广东虎彩云印刷有限公司	
开　　本	718 毫米×1000 毫米　1/16	
印　　张	8.75	
字　　数	150 千字	
版　　次	2024 年 6 月第 1 版	
印　　次	2024 年 6 月第 1 次印刷	
定　　价	69.00 元	

序言

　　工程水文计算是水利工程规划和建设的基础,国内外现行的工程水文计算理论与方法都有一个应用的前提条件,即要求水文极值系列具有一致性。但气候变化及人类活动等改变了流域降雨时空分配模式、产汇流规律及河道洪水的天然过程,进而导致水文系列呈现非一致性变异特征。理论上,现行的基于一致性假定的工程水文计算理论与方法已无法直接应用于变化环境下的非一致性情形,需要进行针对性研究。目前,对非一致性水文分析的研究主要集中在单变量方面,而对非一致性多变量情形的研究还较少。相较于一致性多变量组合设计值计算问题而言,非一致性多变量组合设计值计算要复杂得多。在一致性条件下,洪量与洪峰联合分布函数是唯一的且不随时间变化的,指定重现期对应洪量与洪峰组合设计值易于求解。然而在非一致性条件下,不同水文变量间的相关关系随着时间在变化,即不同变量间的联合分布函数在不同年份是不同的,这导致指定重现期对应的洪量与洪峰组合设计值求解困难。从设计洪水角度(指定设计标准对应唯一的洪水设计值)来看,如何推求非一致性多变量条件下指定标准对应的洪量与洪峰组合设计值,理论与方法尚不成熟,是目前工程水文计算领域研究的热点及难点。

　　本书对目前工程水文计算实践中的一致性多变量水文频率分析及非一致性水文频率分析的理论与方法进行了整理、归纳、总结与分析,重点对非一致性多变量洪水设计值计算方法进行介绍,并提供了应用示例。

　　全书共分5章。

　　第一章论述了开展非一致性条件下多变量洪水设计值计算方法研究的意义

及目前国内外关于这一领域的研究进展;第二章对水文多变量样本系列变异性诊断方法进行介绍,包括趋势性、跳跃性及综合变异诊断;第三章介绍了IPCC多模式预估降雨数据的校正处理技术,具体包括常用的贝叶斯模型平均(BMA)方法,以及一种新提出的基于Vine Copula(藤 Copula)的模式降雨数据校正技术;第四章介绍了非一致性条件下多变量联合分布模型构建方法,具体包括关于洪水极值边缘分布的非一致性和变量间相关结构非一致性的模型构建方法;第五章介绍了非一致性条件下多变量组合设计值计算方法。为了便于读者理解,第二、三、四、五章均结合方法进行了示例应用,并对示例结果进行分析总结。

全书由姚轶、胡义明、梁忠民主持编写,各章执笔如下:第一章由姚轶、梁忠民执笔;第二、三章由姚轶执笔;第四、五章由姚轶、胡义明执笔。全书由姚轶和胡义明负责统稿与校核。

本书的出版,得到了国家重点研发计划专题"城市'外洪-内涝'链生灾害耦合机理(2022YFC3090601-1)"、南京水利科学研究院中央级公益性科研院所基本科研业务费用专项资金项目"变化环境下多变量洪水设计值计算方法研究(Y522010)"的资助和南京水利科学研究院出版基金资助。作者在此致以深深的谢意。

在本书的编写过程中,作者参考了大量的国内外文献资料,在此向相关文献作者表示衷心感谢。书中如有不当之处恳请读者批评指正。

作　者
2023 年 12 月 1 日

前言

 气候变化及人类活动的影响,改变了不同时期的流域产汇流规律,导致洪水极值系列会呈现出非一致性变异特征,动摇了现行工程水文计算理论的一致性基础。对变化环境下非一致性洪水设计值计算方法的研究,目前主要集中在单变量方面,而关于多变量洪水组合设计值的探讨还较为缺乏。为此,本书围绕非一致性条件下的洪水组合设计值计算方法开展研究,以期为变化环境下多变量设计洪水计算提供一种新的途径。

 (1) 开展了非一致性条件下多变量极值系列变异性诊断研究。在多变量趋势性诊断方面,采用了多元 Mann-Kendall 方法和 Spearman 的 rho 型检验方法;在跳跃性诊断方面,提出了基于启发式分割算法的多变量联合跳跃点检验方法,并通过模拟实验的方式评估了该方法的可靠性。针对系列可能同时存在趋势性和跳跃性变异问题,采用综合效率系数法对多变量变异性进行综合诊断。

 (2) 开展了 IPCC 多模式预估降雨数据的校正后处理研究。在描述变化环境下非一致性多变量联合分布规律的未来变化特征时,需要利用未来时期的预估降雨数据作为协变量进行分析,为此本书采用了 IPCC 提供的多模式长期预估数据。针对不同模式预估降雨数据存在较大不确定性问题,采用泰勒图指标对 IPCC 中的 28 个 GCMs 模式进行了优选。基于优选的 6 个 GCMs 模式预估降雨数据,分别采用贝叶斯模型平均(BMA)方法和 Vine Copula 多维联合分布方法进行校正后处理。采用 Spearman 秩相关系数、线性相关系数、均方根误差及确定性系数 4 个不同指标评估分析了两类方法的校正效果。

（3）开展了非一致性条件下多变量联合分布模型构建研究。非一致性多变量联合分布模型的构建，需要综合考虑边缘分布的非一致性和变量间相关结构的非一致性。针对各变量自身边缘分布的非一致性问题，本书基于皮尔逊三型分布（P-Ⅲ）和广义极值分布（GEV）函数，通过建立 P-Ⅲ 和 GEV 函数中参数与时间或降雨等协变量的驱动关系，构建了 14 种概率分布函数模型以描述洪峰和 7 日洪量的分布特征；其中 12 种为非一致性变参数概率分布模型，2 种为一致性概率分布函数模型，模型优选采用了赤池信息准则（AIC）和贝叶斯信息准则（BIC）指标。针对变量间相关结构的非一致性问题，本书采用 Clayton、Frank 和 Gumbel 3 种不同的 Copula 函数，通过假定其结构参数随协变量变化，构建了 6 种非一致性多变量联合分布函数模型；模型优选采用偏差信息准则（DIC）指标，模型参数估计采用贝叶斯方法并结合马尔科夫链蒙特卡洛抽样技术。

（4）开展了非一致性条件下多变量洪水设计值计算方法研究。针对非一致性多变量情形难题，在非一致性多变量联合分布模型构建基础上，本书改进了非一致性单变量情形下用于设计值计算的等可靠度法，提出了基于等可靠度法与条件期望/条件最可能组合关系曲线法相耦合的非一致性多变量洪水设计值计算方法，为变化环境下多变量设计洪水计算提供了一种新的技术途径。

（5）以黄龙滩水库还原的天然入库洪峰和最大 7 日洪量为研究对象，对本书所提出的方法进行了示例应用研究。洪量与洪峰系列同时存在着趋势性（减少）变异及跳跃性变异（跳跃点为 1985 年），经综合诊断分析确定趋势性变异为主要变异类型。对黄龙滩流域 IPCC 多模式预估降雨数据的校正结果显示，C-Vine Copula 方法的校正效果要好于 D-Vine Copula 方法，且都优于 BMA 方法，为此采用 C-Vine Copula 方法对其进行了校正后处理。基于 AIC 和 BIC 指标，确定了洪量与洪峰系列的最优边缘分布函数模型均为 G-LocT-SclP 模型，即 GEV 分布函数的位置参数随时间变化，尺度参数随降雨变化。基于 DIC 指标，确定了洪量与洪峰最优的非一致性联合分布函数模型为 GumbelT，即 Gumbel Copula 函数中的结构参数随时间变化。在优选的非一致性多变量联合分布模型基础上，基于等可靠度法与条件期望/条件最可能组合关系曲线法相耦合的方法，推求了不同重现期及工程设计寿命对应的洪量与洪峰设计值。结果表明，在相同重现期及相同工程设计寿命条件下，条件期望组合方法推求的洪峰设计值要小于条件最可能方法推求的洪峰设计值,且随着工程设计寿命的增加,洪量与洪峰设计值呈减小趋势,也即非一致性条件下多变量洪水设计值的计算需要综合考虑设计标准(重现期)及工程的设计寿命。

目录

第一章

绪论

1.1　研究背景及意义

自中华人民共和国成立以来，为了减轻洪旱灾害及缓解水资源供需矛盾，我国开展了大规模的水利工程设施建设，目前在主要江河流域已经形成了包含水库、堤防、蓄滞洪区等工程在内的防洪工程体系[1-4]，在促进社会经济发展及保护人民生命财产安全等方面发挥了至关重要的作用。

设计洪水是用于确定水利工程建设规模以及用于制定管理运行策略的重要依据。推求设计洪水的方法及途径随着历史资料的更新、计算机技术的提高、工程建造经验的积累，以及对洪水规律研究的持续深入而持续发展和完善。目前，国内外在进行设计洪水的推求时，大多以数理统计和概率论作为理论基础，通过对洪水极值系列的概率预估从而获得极值系列的概率分布函数，以此推求给定设计标准下的洪水设计值[5-6]。我国在《水利水电工程设计洪水计算规范》[7]中已明确表明，现行水文频率分析计算方法应用的前提条件是洪水极值系列要满足一致性，即水文极值系列不能存在趋势性或跳跃性等变异[8-12]。但随着全球气候变化以及不断加剧的人类活动的影响，尤其是近些年来大规模经济活动的日益频繁，水利工程、农业以及城市基础设施密度的不断提高，改变了流域原本相对稳定的下垫面条件，从而改变了原有的产汇流规律及洪水的时空分配。鉴于近代极端水文事件的产生背景与历史水文极端事件已不尽相同，且未来水文过程的发生条件及孕育环境也不尽相同，水文极端事件的频次和强度特征亦可能随之改变。国内外的诸多科学研究成果也表明，世界上较多区域出现了气候异常，导致洪旱灾害多发、并发现象频现[13-20]，这说明极端气候的频次和强度已经发生了改变，进一步可能导致水文极值系列的一致性（平稳性）遭到破坏，从而动摇现行传统水文频率分析计算中关于洪水极值序列必须满足一致性（平稳性）的前提条件。对于不满足一致性要求的洪水系列，传统的设计洪水计算方法原则上已不能适用。基于非一致性洪水极值系列，如何推求指定标准的设计洪水，是目前水文领域的研究热点，也是工程实践中亟须解决的难点问题[21-24]。

近些年来，关于变化环境下水文频率计算问题的研究日益增多，也提出了一些代表性的研究方式或途径，如基于系列重构途径、多分布函数综合途径及变参数概率分布模型途径等。但总体上来看，变化环境下的非一致性水文频率分析目前主要还是集中在单一变量频率分析方面，而对非一致性多变量水文频率分析问题的研究还较少。由于水文事件(过程)通常包含多个属性特征,如一场洪水过程包含洪峰和不同时段洪量特征等,采用单一水文变量(如洪峰或时段洪量)通常很难描述水文事件(过程)的真实特征。为此,在开展非一致性条件下单变量水文频率分析研究的同时,研究变化环境下非一致性多变量水文频率分析更具有重要意义。相较于一致性条件下的多变量频率分析问题而言,变化环境下的多变量频率分析问题要复杂得多。在非一致性条件下,不仅不同水文变量自身的分布函数随着时间在变化,而且变量之间的相关关系也随着时间在改变,也就是说,不同变量间的联合分布函数在不同年份是不同的;而在一致性条件下,联合分布函数被假定是唯一且不随时间变化的。目前,尽管有采用 Copula 方法研究多变量非一致性水文频率问题的,但主要还是集中在刻画不同变量间的相关性、联合分布函数、给定事件组合对应重现期等随时间的演化规律上[25-26],而如何基于多变量非一致性频率分析方法,推求给定标准洪水设计值的研究还尚不充分且进展甚微[27]。

为此,本书围绕非一致性条件下多变量洪水设计值计算方法开展研究,涉及多变量变异性诊断、非一致性条件下多变量联合分布模型构建、非一致性条件下多变量设计值计算等关键内容。通过研究,提出基于等可靠度法与组合关系曲线法相耦合的非一致性多变量洪水设计值计算方法,为变化环境下的多变量设计洪水计算提供新的技术途径。

1.2 国内外研究进展

1.2.1 水文极值系列的变异性诊断

水文系列的变异性诊断是非一致性水文频率分析过程中非常重要的环节。水文极值系列的变异性分析包括趋势性、跳跃性和周期性分析。在非一致性水文频率分析中,主要关注系列的趋势性和跳跃性特征。对于单变量样本极值系列而言,目前已有较多方法应用于系列的趋势性和跳跃性诊断。在趋势性诊断方面,目前主流的一些方法包括线性趋势相关检验法、Spearman 秩次相关检验法、滑动平均法、Mann-Kendall 秩次相关检验法以及线性回归法等[28-35]。在跳跃性诊断方面,目前常用的方法包括有序聚类法、Lee-Heghinian 法、滑动秩和法、R/S 检验法、启发式分割算法、最优信息二分法、贝叶斯检验法、Mann-Kendall 和 Pettitt 检验法等[36-39]。谢平等[40]针对不同检验法的检验结果往往不一致的问题,提出了针对水文序列趋势性变异及跳跃性变异的综合诊断系统。

总体来说,单变量极值系列的变异性诊断研究起步较早,可应用的方法较多,且相对成熟。而关于多变量极值系列非一致性诊断的研究则相对较晚,尚处于起步阶段,近些年受到越来越多的重视。对于多变量极值系列的变异性诊断,同样也主要关注系列的趋势性变异和跳跃性变异。在趋势性变异诊断方面,Dietz 等[41]于 1981 年提出了单变量 Mann-Kendall(MK)检验的第一个多元拓展形式,Chebana 等[42]于 2013 年首次将多元 MK 检验应用到水文领域并对检验方法进行了完整阐述。Lettenmaier[43]对 Dietz 等人提出的 MK 检验的多元拓展进行了详细介绍,并将其称为协方差反演检验(CIT)。Hirsch 等[44]提出了一种类似于 MK 检验的推广方法,称之为季节性 MK 检验。该检验方法被应用于一个假设独立的季节模型中,将每个季节视为一个变量,从而得到一个多元情景。1998 年,Hamed 等[45]对其进行了修改,以解释序列的依赖性,修正后的模型具备检测多元相关数据的趋势性变异的功能,这种修正的季节性 MK 检验被称为协方差和检验(CST)。Chebana 等[42]采用非参数 Mann-Kendall 和 Spearman 的 rho 检验法来检验多变量序列的趋势性变异。王乐等[46]基于多元 MK 检验对北江流域的降水进行了趋势性分析,发现多元趋势的分析方法可以同时考虑到降水多重属性,对于流域降水的整体趋势分析很有帮助。张建成[47]依据大凌河流域 1969—2015 年 6 个气象站点的逐日降水资料,从年降水量、降水天数和最大降水量 3 个层面,采用单变量和多变量 MK 检验法分析了大凌河流域的年降水变化趋势。研究表明,综合考虑多属性降水特征的趋势分析方法,能够从整体上更加客观、准确地揭示流域降水变化特征。

跳跃性变异诊断方面,Lavielle 等[48]提出了适用于弱相关数据的多变量变异点自适应检验方法,并应用于多变量股票指数日收益序列和人工金融市场生成的序列。Lung-Yut-Fong 等[49]基于 Wilcoxon 秩统计量进行了多变量非参数双样本均匀性检验,并根据提出的双样本均匀性统计量进行了多变量变异点检验。Matteson 等[50]提出了多变量变异点检验的非参数方法(层次分裂估计和层次凝聚估计),并将其应用于遗传学和金融学等领域,不同于 Hawkins[51]、Lavielle[48]、Lung-Yut-Fong[49]等提出的方法,该方法不需要先验知识或补充分析就能够估计变异点的数量及其位置。Gombay 等[52]和 Horváth 等[53]提出了一种基于 Kolmogorov-Smirnov 统计量的非参数检验法来诊断单变量和多变量序列是否存在跳跃点。根据 Gombay 等[52]提出的方法,Holmes 等[54]基于 Cramer-von Mises(CvM)统计,开发了一种新的非参数检验方法,用于诊断多变量序列中的跳跃点,并且被 Bücher 等[55]发现比 Kolmogorov-Smirnov 统计量的非参数检验法更有效。Ben Aissia 等[56]采用多重线性回归中多重变异点检验的贝叶斯方法,诊断具有相关结构的二元序列中的跳跃性变异。如前所述,许多方法可用于检测单变量序列中的非平稳性,至于检测单变量序列之间相关结构的变异,这些方法非常有限。几乎所有的方法似乎都与 Copula 方法密切相关,Copula 方法分别通过 Copula 函数及其参数来描述相关结构的形状和强度[57-59]。例如,Dias 等[60]结合了似然比检验理论[61]和 Copulas[58],提出了基于 Copula 的似然比检验方法(CLR)来检验多变量金融序列相关结构的变异点。Bouzebda 等[62]还详细介绍了 CLR 法。在水文学方面,Bender 等[63]应用 50 年的移动时间窗来描述莱茵河二元洪水序列的边际分布参数和 Copula 参数的非平稳性。Jiang 等[64]提出了一个基于时变 Copula 模型的框架来描述二元低流量序列的时间变化。然而,这些基于 Copula 的方法通常仅限于水文和经济金融等领域的二元情况[63-67]。Xiong 等[68]提出了一个多变量水文序列变异点的检验框架,涉及变量边缘分布和变量间相关结构两类变异点的分析。其应用涉及三个主要环节:首先,检验每个单变量水文序列的变异点;其次,根据第一步中每个单变量水文序列的变异点检测结果估计边缘分布;最后,使用 CvM 方法和 CLR 方法检测多元水文相关结构的变异点情况。基于 Monte Carlo 实验的结果表明,CLR 比 CvM 在检测相关结构的变异点时效果更好。

1.2.2 CMIP5 气候模式数据校正

CMIP5 是第五次国际耦合模式比较计划(The Fifth Phase of Coupled Model Intercomparison Project)的简称,联合国政府气候变化委员会(IPCC)在 2013 年 9 月发布的评估报告中关于未来长期降雨变化的预测结果就是基于 CMIP5 成果。张建云等[69]对前 4 次的 IPCC 评估报告主要内容及结论进行了总结,尤其介绍了未来气候的变化趋势,并且基于前 4 次的研究成果,重新总结归纳了造成气候变化的原因。而 CMIP5 相较于 CMIP1、CMIP2、CMIP3 及 CMIP4,采用了更合理的参数化情景方案及耦合技术,并进一步提升了气候模式的模拟精度和预估能力[70-73]。

目前,已有许多学者对 CMIP5 各模式的模拟精度及降雨预估性能进行了研究分析。张蓓等[74]选用全球模式格点数据(CRU TS v4.0)的月降雨资料、24 个 CMIP5 模式的历史模拟数据及 RCP4.5 情景下的降雨预估数据,进行了多模式下降雨数据集合平均值的偏差特征分析,并且采用一元对数差分法对扣除模式气候漂移后的数据进行了回归修正,发现模式降雨在我国地区分布上呈现出西多北少,东南沿海地区偏少的特点;时间分布上呈现出我国大部分地区在冷季(11 月—次年 4 月)时的模式降雨偏多,而东南沿海地区在暖季(5 月—10 月)时的模式降雨偏少。林慧等[75]对 CMIP5 的 6 个模式进行了拟合能力的优选,选择了 3 个较优模式进行了 RCP4.5 及 RCP8.5 情景下的淮河流域气候各要素的变化趋势分析,发现淮河流域上未来气候变化带来洪旱灾害的风险较大。杨阳等[76]选用全球模式格点数据(CRU TS v4.0)的月降雨资料、24 个 CMIP5 模式的历史模拟数据及 RCP4.5 情景下的降雨预估数据,选用多种回归方法的设计方案对模式降雨预估数据偏差进行了校正,研究结果发现,模式降雨数据的回归校正方案存在区域性,导致这种区域性结果的可能原因是不同区域的降雨序列统计存在系统性差异。张林燕等[77]选用 RCP4.5 和 RCP8.5 两种情景下的 8 个 CMIP5 模式数据,采用最优赋权技术进行多模式数据的集合优化处理,并对我国黄河源区存在的逐年加剧的干旱问题进行了分析,结果表明,流域在基准年(1961—1990 年)期间的干旱指数呈现平稳的微弱增大趋势,而在未来时期(2021—2050 年)的干旱指数显著增大。

IPCC 为了对未来几十甚至上百年的气候进行预估,CMIP5 特地设计了 RCP2.6、RCP4.5、RCP6.0 和 RCP8.5 这 4 种路径的排放情景模式[78-80]来考虑气候变化及人类活动影响等方面的变化。CMIP5 将以上 4 种情景作为模式的边界条件对海-气耦合的气候数值模式进行积分,从而获得未来全球气候的情景预估[81-82]。目前,对于 IPCC 数据的处理,学者们使用较多的是模型集合平均法,就是对多个模式的气象数据取平均来作为未来气候变化的预估[83]。然而,已有研究表明,无论是 CMIP5 对历史的气候模拟数据,还是对未来不同排放情景模式下的气候预估数据,采用集合平均方法进行简单数据处理得到的结果都存在较大的偏差,并且导致预估数据具有较大的不确定性[84-85]。因此,需要进一步研究对 CMIP5 数据进行修正处理的理论和方法,以此来提高未来气候情景预估的精度和可信度。于海鹏等[86]设计了包括一元对数回归、一元回归、多元回归、多元差分回归、多元对数回归及简单去除气候漂移等多种方案对 21 世纪前期中国区域降水预估数据进行了偏差修正,并基于修正效果分析后发现一元的回归修正效果要好于多种回归和去除气候漂移的方案,其中一元对数回归的修正效果最好。Huang 等[87]提出 EPR 法,该方法建立了历史气候与未来变化间的线性关系,较好地修正了热带太平洋区域的海温变化的分布型预估。Huang 等[88]又采用了经验正交函数方法(EOF),该方法假设 EOF 模态不会随着时间而变化,然后建立预估和观测场 EOF 间时间系数的多元回归函数,以此展开预估场 EOF 的时间系数,并进行修正。另一种修正思路是考虑模式数据的权重集合问题,通过赋予各模型不同的权重实现,其中权重通过模式各自的历史模拟效果确定。例如,被使用最广泛的贝叶斯模型平均(BMA),就是一种很好的多模式的集合平均预估方法,Zhang 等[89]已经使用该方法来获得未来路径下排放情景的气候预估。田向军等[90]在 BMA 方法的基础上提出用有限记忆牛顿优化算法(LBSGF - B)替换原来 BMA 算法中用来估计各模式方差及权重的期望最大化法(EM),结果发现精度和蒙特卡洛抽样(MCMC)方法相近,但是缩短了计算时间,结果也接近 EM 方法。还有一种思路是根据 CMIP5 历史模拟以及未来预估的数据,用统计或者动力降尺度的方法来减少预估的偏差,获得区域尺度下的未来气候预估数据[91-96]。但是,动力降尺度的方法仍待解决在未来大尺度模式下强迫场的偏差修正问题,而统计降尺度的方法需解决历史气候模拟与未来气候的情景预估数据间的统计非一致性问题。

1.2.3　非一致性条件下洪水设计值计算方法

气候变化以及人类活动的影响,一定程度上导致不同时期的降雨-径流过程规律存在差异,进而导致水文极值系列存在非一致性特征,如趋势性或跳跃性。对于非一致性水文极值系列,如果采用传统一致性框架下的水文频率分析方法进行设计值的计算,可能会给水利工程的安全性带来风险。因此,针对变化环境下非一致性水文极值系列,如何进行洪水设计值计算,受到了越来越多的关注,也是工程实践中亟须解决的重要问题。梁忠民等[97]总结归纳了目前变化环境下非一致性单变量系列的设计值计算方法,主要分为三类途径:①基于水文极值系列重构途径。该类方法主要是对变化环境下的水文系列进行重构操作,使之满足一致性要求,从而可以采用现行一致性条件下的传统水文频率分析方法进行设计值计算。②基于分布函数加权综合途径。该类方法先对系列样本进行分类,使分类后的子系列满足一致性条件,再对每个子系列对应的分布进行加权综合,获得新的分布函数,并基于此函数推求设计值。③基于变参数概率分布函数模型途径。该类方法首先构建模型参数和协变量间的统计关系,通过协变量的变化来驱动模型参数的变化,以此来描述环境变化对分布函数带来的影响[98-102]。相较于变参数概率分布函数模型可考虑未来环境变化对极值分布规律的影响而言,无论是基于水文极值系列重构还是基于分布函数加权综合途径,均只能考虑已有数据的非一致性,不能反映未来环境变化带来的影响。而变参数概率分布函数模型虽然可以考虑过去、现在及未来的环境变化对系列分布规律的影响,但是也导致了分布函数在不同年份间是不同的,即导致重现期与推求的设计值之间也不再是一一对应关系。为了解决这种情况下设计值的计算问题,期望等待时间法[103]、期望发生次数法[104-105]、设计寿命水平法[106]、年平均可靠度法[107]和等可靠度法[108-109]被相继提出。

目前,变化环境下非一致性条件下设计值计算主要还是关注单变量情形,关于多变量情形下,组合设计值计算的理论与方法研究尚不充分。然而一个完整的洪水事件或洪水过程线通常包含多个特征变量,如洪峰和洪量,这些特征变量可能与水工建筑物的安全有关[110-115],如水库的水位不仅受洪峰流量的控制,还受洪水量的控制[112]。因此,与单变量水文设计相比,考虑多种洪水特征及其相关性的多变量水文设计为水工建筑物提供了更为合理的设计策略[116-118]。随着Copula理论的发展,国内外学者通过Copula构建多变量联合分布进行多变量的水文频率分析。关于一致性条件下多变量联合分布模型构建及组合设计值计算等方面的研究众多。类似于单变量水文设计值的计算,多变量情形下水文设计值的计算,通常也是以重现期作为标准。目前,常用的多变量洪水事件重现期定义方法有:①"OR"重现期定义了至少一个洪水特征超过规定阈值的情况;②"AND"重现期定义了所有洪水特征超过规定阈值的情况;③"Kendall"重现期定义了变量由Kendall分布函数转换而来的分布函数超过规定阈值的情况[119-121]。宋松柏[122]总结归纳了Copula在水文多变量频率分析计算过程中存在的问题,指出非一致性条件下的多变量计算主要面临时变Copula的参数精度提高以及重现期的定义问题,并提出了Copula在非一致条件下多变量系列联合分布以及设计值推求的实用化建议,目前这方面的研究仍处于理论探讨阶段。冯平等[123]用混合分布法对发生了跳跃性变异的洪峰变量及洪量变量系列进行了分布特征的拟合,采用 Copula 建立联合分布并进行了两变量设计值的推求,但未考虑未来环境变化对相关结构的影响。Bender 等[124]假定边缘分布函数参数及 Copula 的结构参数均随时间变化,构建了随时间变化的联合概率分布模型,并分析了在变化环境下两变量系列联合分布的变化规律和其中参数的变化情况。与单变量分布相比,多变量洪水分布表现出更复杂的非一致性特征,包括边缘分布的非一致性和变量之间依赖结构的非一致性[125-131],两者均会影响多变量分布规律的非一致性,因此非一致性条件下多变量洪水组合设计值的计算更为复杂。在非一致性条件下,给定洪水事件对应的超越概率值 p 在不同年份通常是不一样的。因此,以两个连续洪水事件之间的平均到达时间除以 p 形式计算的重现期不再是一个常数[132-136],这就导致给定的洪水事件将对应于一个时变且非唯一的重现期。理论上传统的基于一致性框架下的多变量设计值计算方法不再适用于非一致性条件下的工程实践[135]。Salvadori 等[119]将给定寿命和失效概率相联系,以计算非一致性条件下的二元设计值。Jiang 等[137]介绍了在非一致性条件下解决多变量水文设计问题的可能方法,其具体思路为建立一个同时考虑时变边缘分布和时变依赖结构的动态经典藤 Copula 洪水分布,以年平均可靠度[132]为设计准则,对非一致性条件下的多变量水文设计值进行估算,并将最可能的设计事件确定为多变量水文设计的结果。关于非一致性条件下多变量水文设计值组合的求解问题,虽然已有一些探讨性的研究,但尚处于起步阶段,尚无可供工程实践采用的解决方案。

1.3　全书的主要内容

本书以理论和方法研究为主导,探讨变化环境下非一致性多变量设计值计算方法,主要涉及内容包括多变量变异性诊断、IPCC 多模式下降雨校正后处理、非一致性条件下的多变量动态联合分布模型构建、非一致性多变量组合设计值计算等内容。本书以黄龙滩为研究流域,以 1956—2005 年黄龙滩水库入库洪峰和最大 7 日洪量(以下简称 7 日洪量)的天然还原系列为分析对象,对所提出的模型和方法进行了示例应用研究。

全书共有 5 章:

第一章　绪论

论述了开展非一致性条件下多变量洪水设计值计算方法研究的意义及目前国内外关于这一领域的研究进展。

第二章　多变量水文极值系列的变异性诊断

对水文多变量样本系列进行变异性诊断，包括趋势性和跳跃性，判断多变量系列是否满足传统水文频率分析的一致性要求。在多变量趋势性诊断方面，采用多元 Mann-Kendall 检验法和 Spearman 的 rho 型检验法。在跳跃性诊断方面，改进了用于单变量诊断的启发式分割算法，提出了基于启发式分割算法的多变量跳跃性检验方法，并通过模拟实验的方式对该方法的可靠性进行了分析。针对系列可能同时存在趋势性和跳跃性问题，采用综合效率系数法进行多变量系列变异性综合诊断。

第三章　IPCC 多模式预估降雨数据的校正处理

为了描述水文极值分布规律的非一致性，本书采用了变参数概率分布模型，其中降雨因子是协变量之一，未来时期的降雨数据采用 IPCC 数据。考虑到 IPCC 多模式下提供的降雨数据存在不确定性及误差。本书在采用常用的贝叶斯模型平均（BMA）方法进行校正的同时，也提出了采用 Vine Copula 技术对模式降雨数据进行校正，并对校正结果进行了综合分析。

第四章　非一致性条件下多变量联合分布模型构建

针对洪水极值边缘分布的非一致性和变量间相关结构的非一致性，基于多维联合分布函数 Copula，通过假定边缘分布函数和结构参数随协变量变化，构建了可综合考虑两类非一致性的多变量动态联合分布模型。模型参数采用贝叶斯方法进行估计，并基于多个评价指标对不同的联合分布模型的拟合效果进行了评估。

第五章　非一致性条件下多变量洪水设计值计算

针对一致性框架下多变量洪水设计值计算方法难以应用于非一致性多变量情形的难题，研究非一致性条件下多变量设计值洪水计算方法。在多变量动态联合分布模型优选基础上，通过构建指定标准下洪量与洪峰设计值间的最可能/期望组合关系曲线，将等可靠度方法扩展应用到多变量情形，提出非一致性多变量情形下的峰-量组合设计值计算方法。

第二章

多变量水文极值系列的
变异性诊断

水文极值样本系列的变异性诊断是水文频率分析的基础,若样本系列满足一致性要求,则可采用现行一致性框架下的水文频率分析方法,反之,则需采用非一致性条件水文频率分析思路。非一致性水文频率分析中,关于系列的变异性诊断主要关注趋势性和跳跃性。在趋势性诊断方面,将采用多元 Mann-Kendall 和 Spearman 的 rho 型检验法对多变量系列的趋势性变异进行诊断;在跳跃性诊断方面,基于单变量情形下的启发式分割算法,提出了基于启发式分割算法的多变量跳跃性检验方法,并通过模拟试验的方式对该方法的可靠性进行了分析。针对系列可能同时存在趋势性和跳跃性问题,采用综合效率系数进行多变量系列变异性综合诊断。

2.1 水文极值系列变异成分组成

洪水的形成是一个复杂的过程,不仅受地形地貌、区域性的气候条件等自然条件影响,同时也受人类活动、水利工程群等因素的综合影响。在历史演进的各个时期,洪水在形成过程中受到上述各种要素的相互作用、干扰,最终呈现出了复杂多变的水文表现。关注历史各个时期的洪水形成可以发现,如果上述的洪水影响因素发生了变化,必然导致区域下垫面产汇流规律以及洪水的时空分配产生改变,从而导致水文极值系列在各个时期的统计特性或极值分布发生变化。因此,通过研究水文极值系列本身的统计特征,在一定程度上可以了解历史各个时期的区域气候变化及下垫面条件变化对洪水的形成带来的影响[32-33,138-140]。

尽管水文事件本身的外在表现形式多变复杂,但可以对水文极值系列的构成成分进行分析,主要由两部分组成,即随机性成分和确定性成分。其中,随机性成分的产生主要来源于两方面:不规则振荡及多种因素综合随机影响,但是在一定合理的时期内,该部分具有相对一致的统计规律。而确定性成分主要受人类活动的影响,如城市化发展、水利工程的建设等,其在水文序列上表现为缓慢性渐变(趋势性变异)及剧烈性突变(跳跃性变异)。

2.1.1 趋势性成分

随着时间序列的推移,若水文极值系列中样本均值发生了减少(增加)的态势,就会导致水文极值系列向下(向上)的缓慢变化,从而使得样本的统计参数(均值等)随时间变化,最终呈现出系统连续的减小(增加)变化,这种变化即为趋势性变化[43]，如图 2.1 所示。

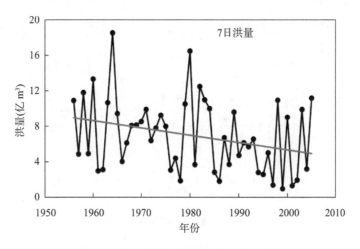

图 2.1　水文极值系列趋势性变化示意图

　　对于发生趋势性变化的极值系列，趋势可能存在于该系列的任何参数中（均值、方差等），主要表现为两种形式：线性趋势或非线性趋势（常见的有三次多项式形式、抛物线形式等）。上述的趋势性变化通常是由于自然因素或人为因素发生了缓慢变化导致的，比如当气候要素在年际间发生了趋势性变化，年径流或年降雨也可能发生相应的趋势性变化；再如当河道淤泥在一定时期逐渐产生淤积，可能导致年径流呈现出增加趋势变化等[139]。

　　水文序列上的趋势成分分为整体性趋势和局部性趋势两类。整体趋势指的是整个水文极值系列呈现出的一种趋势特征，局部趋势则指极值系列局部的子系列呈现出的一种趋势特征，并且其他系列部分不存在趋势变化。

2.1.2　跳跃性成分

　　水文极值系列的跳跃定义为水文序列突然地、急剧地从某种状态变化到另外一种状态。图 2.2 是水文极值系列（洪峰）发生跳跃变化的示意图，可以看到，1～25 时刻和 26～50 时刻这两个时段的极值系列均值明显不同，均值从第一个时段到第二个时段明显增加了。如果将第一时段的极值系列看作随机性成分，那么两个时段的均值差则为跳跃性成分或者确定性成分。

　　前面介绍过，跳跃性成分（确定性成分）是由于自然因素或者人为因素发生

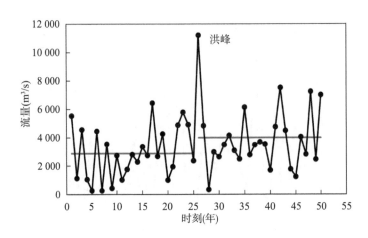

图 2.2　水文极值系列跳跃性变异示意图

了改变导致的变异,如水利工程群的建设导致了坝下洪水出现跳跃性特征,原因是在水利工程调蓄的作用下,使得坝下洪水在工程建设前的数值往往要大于工程建设后经过调节后的值。

2.2　多变量系列趋势性变异诊断方法

　　水文极值系列中的趋势性成分主要是由人类活动或者自然因素导致,一般系列的统计特征值(如均值、方差等)随时间增长而呈现出持续且系统性地增长变化时,可以认为该系列存在单一的增长趋势;相反,如果系列的统计特征值随时间增长而呈现出持续且系统性地减小变化时,可以认为该系列存在单一的减小趋势。当系列的统计特征值随时间增长无明显的单一变化时则不认为该系列存在趋势性变异情况。目前,单变量情形下的趋势性诊断方法有线性趋势相关检验法、Spearman 秩次相关检验法、滑动平均法、Mann-Kendall 秩次相关检验法以及分位数回归等[28-35],其中 Spearman 秩次相关检验法和 MK 秩次相关检验法这两种非参数检验法因其适用范围广以及计算简单等特点成为主流方法[141]。但是,考虑到一个完整的洪水事件或洪水过程线应该包含多个特征变量,如洪峰和洪量等,近些年国内外学者研究并发展了多变量的趋势性诊断方法,常见的有多变量 Mann-Kendall 检验法和多变量 Spearman 检验法[142]。本书采用上述两种方法对多变量的趋势进行诊断。

2.2.1　多元 Mann-Kendall 检验

如 Lettenmaier[43]所述,多元 Mann-Kendall 检验是 Mann-Kendall 检验在多变量情形下的应用拓展。对于任意分量 $u=1,\cdots,d$,假设 $M^{(u)}$ 是实测时间序列 $X_i^{(u)}$, $i=1,\cdots,n$ 的单变量 Mann-Kendall 检验统计量,对于固定的 u ,检验统计量 $M^{(u)}$ 的计算公式为

$$M^{(u)} = \sum_{1 \leqslant i < j \leqslant n} \mathrm{sgn}(x_j^{(u)} - x_i^{(u)}) \tag{2.1}$$

其中,sgn(•)为符号函数:

$$\mathrm{sgn}(\bullet) = \begin{cases} -1 & x < 0 \\ 0 & x = 0 \\ 1 & x > 0 \end{cases} \tag{2.2}$$

在零假设 H_0 下,序列不存在单调趋势,检验统计量 $M^{(u)}$ 是均值 $E(M^{(u)})=0$ 的渐近正态分布,近似方差公式如下:

$$\mathrm{Var}(M^{(u)}) = n(n-1)(2n+5)/18 \tag{2.3}$$

在零假设条件下, $M=(M^{(1)},\cdots,M^{(d)})$ 是零均值的渐近 d 维正态分布,并且协方差矩阵 $\boldsymbol{C}_M = (C_{u,v})_{u,v=1,\cdots,d}$,其中 $C_{u,v} = \mathrm{Cov}(M^{(u)},M^{(v)})$,每个协方差项的一致性估计公式如下:

$$\hat{C}_{u,v} = \frac{t_{u,v} + r_{u,v}}{3}, \ u \neq v \tag{2.4}$$

$$t_{u,v} = \sum_{1 \leqslant i < j \leqslant n} \mathrm{sgn}((x_j^{(u)} - x_i^{(u)})(x_j^{(v)} - x_i^{(v)})) \tag{2.5}$$

$$r_{u,v} = \sum_{i,j,k=1}^{n} \mathrm{sgn}((x_k^{(u)} - x_j^{(u)})(x_k^{(v)} - x_i^{(v)})) \tag{2.6}$$

2.2.1.1　协方差反演检验

协方差反演检验(CIT)最早由 Dietz 等[41]提出,该方法认为当协方差矩阵 $\boldsymbol{C}_M$ 具有全秩时, $\boldsymbol{C}_M^{-1}$ 是 $\boldsymbol{C}_M$ 的逆矩阵,否则 $\boldsymbol{C}_M^{-1}$ 是 $\boldsymbol{C}_M$ 的广义逆。检验统计量表达式如下:

$$D = M' C_M^{-1} M \qquad (2.7)$$

统计量 D 是零假设下渐近 $\chi^2(q)$ 的分布,其中 $q(1 \leqslant q \leqslant d)$ 是 C_M 的秩。如果 D 的值超过根据 $\chi^2(q)$ 分布分位数确定的临界阈值(取决于固定显著性水平 α),则拒绝零假设,为了避免重复,同样地,如果相应统计值大于根据基本统计分布获得的临界阈值,则以下所有检验均拒绝 H_0。

2.2.1.2 协方差和检验

协方差和检验(CST)[45]在季节性 MK 检验[44]的基础上进行了修改以作为检测多元相关数据趋势的方法,检验统计量如下:

$$H = 1'M = \sum_{u=1}^{d} M^{(u)} \qquad (2.8)$$

其中,$1 = (1, \cdots, 1) \in R^d$,在零假设下,统计量 H 是均值为 0 的渐近正态分布,且方差计算公式为

$$\mathrm{Var}(H) = \sum_{u=1}^{d} \mathrm{Var}(M^u) + 2 \sum_{v=1,u=1}^{d,v-1} C_{u,v} \qquad (2.9)$$

其中,$C_{u,v} = \mathrm{Cov}(M^{(u)}, M^{(v)})$ 的估算见式(2.4)。

2.2.2 Spearman 的 rho 型检验

Spearman 的 rho 型检验法与多元 Mann-Kendall 趋势性诊断法类似,也可以用 Smith 等[143]描述的单变量 Spearman 统计量在实测数据的第 u 个分量进行多元扩展,方法如下:

$$S^{(u)} = \sum_{i=1}^{n} \left(i - \frac{n+1}{2} \right) \left(\mathrm{rank}(x_i^{(u)}) - \frac{n+1}{2} \right), u = 1, \cdots, d \qquad (2.10)$$

其中,$\mathrm{rank}(x_i^{(u)})$ 是实测系列 $x_i^{(u)}(x_1^{(u)}, \cdots, x_n^{(u)})$ 的秩,Khaliq 等[144]已经详细介绍了单变量情形下的 Spearman 趋势检验方法。假设 $S = (S^{(1)}, \cdots, S^{(d)})$ 是每个分量的独立 Spearman 统计的矢量,协方差矩阵为 $C_S = (c_{u,v})_{u,v=1,\cdots,d}$,其中每个要素 $c_{u,v} = \mathrm{Cov}(S^{(u)}, S^{(v)})$ 可一致地估计:

$$\hat{c}_{u,v} = \frac{n(n+1)}{12} \sum_{i=1}^{n} \left(\mathrm{rank}(x_i^{(u)}) - \frac{n+1}{2} \right) \left(\mathrm{rank}(x_i^{(v)}) - \frac{n+1}{2} \right) \qquad (2.11)$$

Bhattacharyya[145]提出了基于 Spearman 的 CIT 统计：

$$B = S'\boldsymbol{C}_s^{-1}S \tag{2.12}$$

与式(2.7)中基于 MK 的 CIT 统计类似，在零假设下，B 是 $\chi^2(q)$ 的渐近分布，其中 $1 \leqslant q \leqslant d$ 是矩阵 $\boldsymbol{C}_s$ 的秩。

与式(2.8)中基于 MK 的 CST 检验统计类似，应用于 Spearman 的检验统计为

$$P = 1'S = \sum_{u=1}^{d} S^{(u)} \tag{2.13}$$

其中，S 的定义见式(2.10)。

2.3 多变量系列跳跃性变异诊断方法

除了趋势性组成，水文极值系列还可能存在的另一种成分就是跳跃性，不同于趋势性表现为一般系列的统计特征值（如均值、方差等）随时间增长而呈现出持续且系统性地增长变化，跳跃性成分一般表现为水文序列突然地、急剧地从某种状态变化到另外一种状态[146]。目前，针对单变量水文系列的跳跃性变异常用的诊断方法有启发式分割算法、有序聚类法、Lee-Heghinian 法、滑动秩和法、R/S 检验法、最优信息二分法、贝叶斯检验法、Mann-Kendall 和 Pettitt 检验法等[36-39]。不同于单变量检验只需关注水文序列上的变化点，对于多变量水文序列，需要区分两种变化点，即边际分布的变化点和各变量之间依赖结构的变化点。近些年，随着对多变量情形的关注加深，多变量系列跳跃性变异诊断方法也得到了发展，常见的有自适应检验方法、层次分裂估计（E-分裂法）、层次凝聚估计（E-凝聚法）、基于 Kolmogorov-Smirnov 统计量的非参数检验法、基于 Cramer-von Mises 统计的非参数检验法、多重线性回归中多重变异点检验的贝叶斯方法以及基于 Copula 的似然比检验方法等。本书提出了基于启发式分割算法的多变量系列跳跃性变异诊断方法，并设计了仿真试验来验证所提方法的可靠性。

2.3.1 启发式分割算法

2001 年 Bernaola-Galván 等[147]提出了启发式分割算法（以下简称 BG 算

法),该方法基于滑动 t 检验的思想,且在分割时采用了二分的迭代算法,能将一个非平稳的时间序列分割成多个平稳的子序列,各序列的均值互不相同并代表不同的物理背景,大大减少了计算量,实用性较好。陈广才等[148]将 BG 算法与 10 种传统的突变点检测方法进行了比较,结果表明,该方法能较好排除虚假变异点干扰,较准确识别变异点数目及其位置,检验性能优于传统方法,适用于水文变异分析。

假设时间序列 $X_{(t)}$ 由 N 个点组成,分割点 i 从序列的左端向右端滑动,分别计算分割点左边和右边的均值 $\mu_1(i)$、$\mu_2(i)$ 及标准差 $s_1(i)$、$s_2(i)$;则 i 点的合并偏差 $S_D(i)$ 可表示如下:

$$S_D(i) = \left(\frac{(N_1-1)s_1(i)^2 + (N_2-1)s_2(i)^2}{N_1+N_2-2}\right)^{1/2} \times \left(\frac{1}{N_1} + \frac{1}{N_2}\right)^{1/2}$$

$$(2.14)$$

式中,N_1、N_2 分别为 i 点左边和右边部分的点数。采用 t 检验的检验统计值 $T(i)$ 度量 i 点左右两边子序列均值的差异:

$$T(i) = \left|\frac{\mu_1(i) - \mu_2(i)}{S_D(i)}\right|$$

$$(2.15)$$

对时间序列 $X_{(t)}$ 中的每一个点进行上述计算,得到与 $X_{(t)}$ 一一对应的检验统计序列 $T(t)$。其中,T 值越大,表示该点左右两边的子序列均值差异越明显。计算 $T(i)$ 中的最大值 T_{max} 对应的统计显著性 $P(T_{max})$:

$$P(T_{max}) = Prob(T \leqslant T_{max})$$

$$(2.16)$$

$P(T_{max})$ 表示随机过程中的随机数 T 小于等于 T_{max} 的概率。$P(T_{max})$ 可近似表示如下[148]:

$$P(T_{max}) \approx \left(1 - I_{[v/(v+T_{max}^2)]}(\delta v, \delta)\right)^\eta$$

$$(2.17)$$

其中,$I_x(a,b)$ 是不完全 β 函数,$\delta = 0.40$;η 由蒙特卡洛模拟可得,一般规定 $\eta = 4.19\ln N - 11.54$,$v = N - 2$,其中 N 为时间序列的长度。先设定一个临界值 P_0,如果 $P(T_{max}) \geqslant P_0$,则在该点处将 $X_{(t)}$ 分割成左右两个均值有一定差异的子序列,否则不进行分割。同理,对得到的新序列重复上述操作直至子序列的长度小于等于 l_0(l_0 为最小分割尺度)时不再对其进行分割。通过上述步骤,可以

将原时间序列 $X_{(t)}$ 分割成若干均值不同的子序列,而分割点即为该序列的均值突变点。

通常,P_0 的取值范围为 0.5~0.95,l_0 不小于 25,通过改变 l_0 和 P_0,可以实现对序列不同尺度的变异检测[149]。

2.3.2 基于启发式分割算法的多变量跳跃性检验

对于多变量系列的变异点检验,不同于单变量情形下的检验方法,考虑到不同维度的时间序列包含的信息影响结构变化的重要程度有差别,首先分别对单变量系列进行独立分析,基于启发式分割算法在每一维度上计算对应的检验统计序列 $T(t)$,再对各维度上检验统计结果进行综合,最终确定多变量系列的突变点。

对于每一维度的检验统计量,存在两种策略。第一种是每一个维度上分别确定突变点,通过投票等方式选择突变点作为整个多维时间序列最终的突变点。此策略最大限度地考虑了不同维度对结构变化的影响,但是可能导致真正的多变量系列突变点"过检测"。另一种是将各个维度上同一时刻的统计量进行综合,得到包含所有多变量系列信息的一维检验统计量,在此基础上确定突变点。显然第一种策略过于"主观",并且有可能错过真正的变异点,因此本书对第二种策略进行了研究,并用来对多变量系列进行跳跃性检验。

参照多维度的异常度融合的典型方法[150],计算 K 个维度序列上每一点的统计量的平均值 T^{ave} 和最大值 T^{max},公式为

$$T^{\mathrm{ave}} = \frac{1}{K} \sum_{d=1}^{K} T^d \tag{2.18}$$

$$T^{\mathrm{max}} = \max_{1 \leqslant d \leqslant K} \{T^d\} \tag{2.19}$$

理论上,不同维度的统计量对整体的结构变化的重要性可能是有所不同的,T^{ave} 可能掩盖了某一维度上的明显变化,而 T^{max} 易受某一维度上噪声的影响。因此,若对 T^{ave} 和 T^{max} 直接取平均可能会过于简化整体结构,为了解决上述问题,高桢[151]提出了一种 T^{ave} 和 T^{max} 的线性加权组合,引入了一个加权因子 α($0 \leqslant \alpha \leqslant 1$)来表示综合统计量 $T_s(t)$:

$$T_s(t) = (1 - \alpha) \cdot T_t^{\mathrm{ave}} + \alpha \cdot T_t^{\mathrm{max}} \tag{2.20}$$

通过式(2.20)得到的时间序列在 t 处的综合统计量,既能考虑不同维度上统计量的差异,又减少了噪声的干扰。α 的取值可视实际情况进行调整,当时间序列混杂着大量的噪声时,可适当减小 α,增强公式的平滑作用,此时 α 的取值范围为 $[0,0.5)$;若需强调不同维度上变化的差异,可考虑增大 α,从 $(0.5,1]$ 中选取 α。

2.3.3 仿真试验

本节设计了一个仿真试验,利用已知的真实分割边界,将检测方法得到的变异点与真实变异点进行比较来说明检测方法的有效性,并设计了以下 3 种情形来验证该方法在多变量系列变异点检测中的可行性。考虑到我国水文要素多服从 P-Ⅲ 分布,因此对 3 种情形分别生成满足 P-Ⅲ 分布的三维随机序列:令 $x_{a,b}(t) = f(x_0, c_v, c_s)$,其中,$x_{a,b}(t)$ 为服从 P-Ⅲ 分布的随机数,a 表示情形编号,b 表示序列维数编号,t 表示生成的随机数个数;统计参数分别为均值 x_0、变差系数 c_v 和偏态系数 c_s。

(1) 情形 1:假设该三维序列均发生显著变异,且变异点位于相同位置,生成序列长度为 2 000,理论变异点位置均为 1 000 的随机序列:

$$x_{1,1}(t) = \begin{cases} f(1\ 000, 0.5, 1.0) & 1 \leqslant t \leqslant 1\ 000 \\ f(2\ 000, 0.5, 1.0) & 1\ 000 < t \leqslant 2\ 000 \end{cases} \tag{2.21}$$

$$x_{1,2}(t) = \begin{cases} f(500, 0.5, 1.0) & 1 \leqslant t \leqslant 1\ 000 \\ f(1\ 500, 0.5, 1.0) & 1\ 000 < t \leqslant 2\ 000 \end{cases} \tag{2.22}$$

$$x_{1,3}(t) = \begin{cases} f(1\ 500, 0.5, 1.0) & 1 \leqslant t \leqslant 1\ 000 \\ f(2\ 500, 0.5, 1.0) & 1\ 000 < t \leqslant 2\ 000 \end{cases} \tag{2.23}$$

采用 2.3.2 节所述方法进行变异点检测,结果如图 2.3 所示,其中图 2.3(a)的蓝色线为随机样本序列的过程线,黑色水平线为变异点前后的均值线,红色竖线指示变异点所在位置;图 2.3(b)为 3 个序列的统计量过程线。BG 算法检验 3 个序列的变异点位置分别为 1 000,1 001,1 002,基本符合理论变异点位置,产生的微弱偏差是生成样本时随机误差导致的。分别取权重 $a = 0.4, 0.5, 0.6$,计算三维序列的变异性综合统计量如图 2.4 所示。结果显示,无论 a 取何值,变异点均位于 1 001 处,符合理论变异点位置。

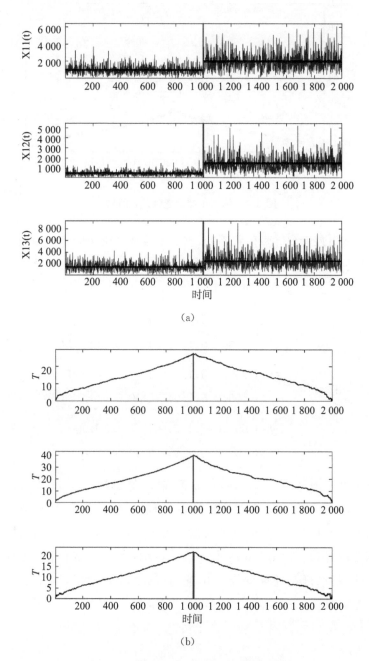

（a）

（b）

图 2.3　情形 1 样本序列及统计量过程线

注:本图彩图见附图 1。

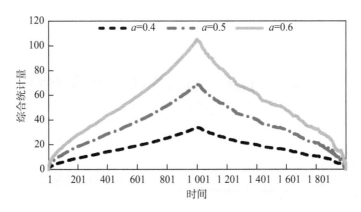

图 2.4　情形 1 综合统计量过程线

（2）情形 2：控制变异点位置不变，改变变异显著性，即令该三维序列的序列
1 发生显著性变异，序列 2 与序列 3 发生显著性较弱的跳跃性变异，3 个序列均
在 1 000 处发生变异，生成随机序列：

$$x_{2,1}(t)=\begin{cases} f(1\ 000,0.5,1.0) & 1 \leqslant t \leqslant 1\ 000 \\ f(2\ 000,0.5,1.0) & 1\ 000 < t \leqslant 2\ 000 \end{cases} \qquad (2.24)$$

$$x_{2,2}(t)=\begin{cases} f(1\ 200,0.5,1.0) & 1 \leqslant t \leqslant 1\ 000 \\ f(1\ 400,0.5,1.0) & 1\ 000 < t \leqslant 2\ 000 \end{cases} \qquad (2.25)$$

$$x_{2,3}(t)=\begin{cases} f(1\ 500,0.5,1.0) & 1 \leqslant t \leqslant 1\ 000 \\ f(1\ 700,0.5,1.0) & 1\ 000 < t \leqslant 2\ 000 \end{cases} \qquad (2.26)$$

检验结果如图 2.5 所示，BG 算法检验 3 个序列的变异点位置分别为
1 003,1 001,993，基本符合理论变异点位置，产生的微弱偏差是生成样本
时随机误差导致的。同样分别取权重 $a = 0.4,0.5,0.6$，计算三维序列的
变异性综合统计量，如图 2.6 所示。结果显示，无论 a 取何值，变异点均位
于 1 003 处，基本符合理论变异点位置，且结果较为稳定，减小了单个序列
的随机误差影响。

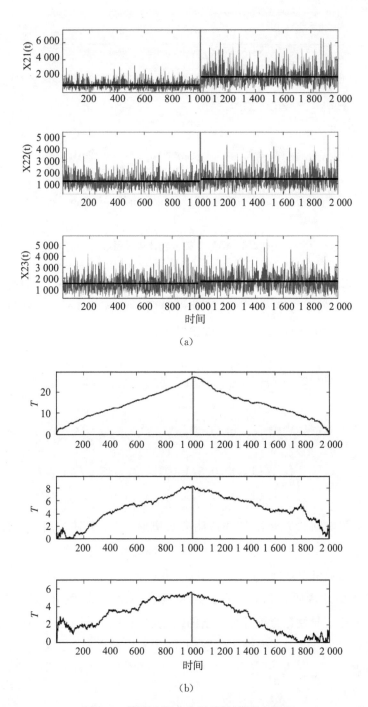

（a）

（b）

图2.5 情形2样本序列及统计量过程线

注：本图彩图见附图2。

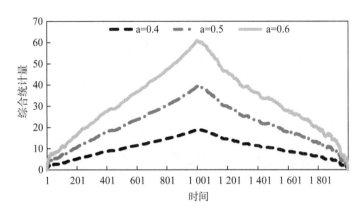

图 2.6　情形 2 综合统计量过程线

(3) 情形 3：改变变异显著性及变异点位置，即令该三维序列的序列 1 发生显著性变异，序列 2 与序列 3 发生显著性较弱的跳跃性变异，3 个序列分别在 1 000、600 和 1 400 处发生变异，生成随机序列：

$$x_{3,1}(t)=\begin{cases} f(1\ 000,0.5,1.0) & 1\leqslant t\leqslant 1\ 000 \\ f(2\ 000,0.5,1.0) & 1\ 000< t\leqslant 2\ 000 \end{cases} \tag{2.27}$$

$$x_{3,2}(t)=\begin{cases} f(1\ 200,0.5,1.0) & 1\leqslant t\leqslant 600 \\ f(1\ 400,0.5,1.0) & 600< t\leqslant 2\ 000 \end{cases} \tag{2.28}$$

$$x_{3,3}(t)=\begin{cases} f(1\ 500,0.5,1.0) & 1\leqslant t\leqslant 1\ 400 \\ f(1\ 700,0.5,1.0) & 1\ 400< t\leqslant 2\ 000 \end{cases} \tag{2.29}$$

检验结果如图 2.7 所示，图中说明参照情形 1，BG 算法检验 3 个序列的变异点位置分别为 1 000,599,1 402，基本符合理论变异点位置，产生的微弱偏差是生成样本时随机误差导致的。分别取权重 $a=0.4,0.5,0.6$，计算三维序列的变异性综合统计量如图 2.8 所示。结果显示，无论 a 取何值，变异点均位于 1 002 处，基于变异性综合统计量得出的结论表明，该综合方法可以突出显著性较强的序列对多维时间序列整体的影响，而忽略虚假变异点或显著性较弱的单序列变异点。

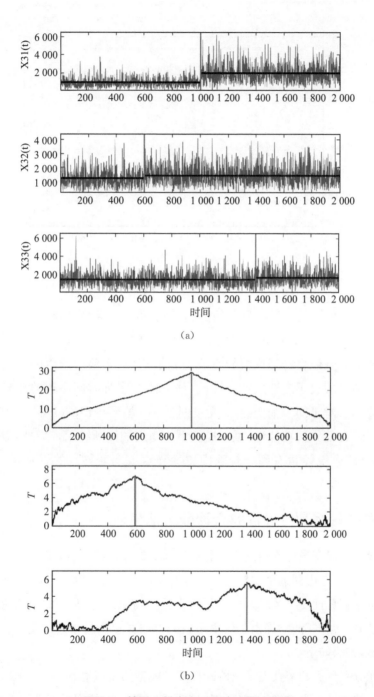

（a）

（b）

图 2.7 情形 3 样本序列及统计量过程线

注：本图彩图见附图 3。

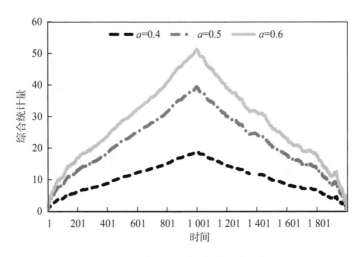

图 2.8　情形 3 综合统计量过程线

　　根据以上设计的 3 种情形下的仿真实验,可以看出无论哪种情形,无论 a 取 0.4、0.5、0.6 中何值,基于启发式分割算法的多维时间序列突变点检测方法找到的变异点位置与理论变异点位置基本相同,实验中产生的微弱偏差是在生成样本时随机误差造成的。因此,该方法在多维时间序列的变异检测是可行有效的。对于同一个变异点,单变量的 BG 检验得出的变异点会有偏差,因此计算综合变异性统计量,可以提供更加稳定的诊断结果。另外,对于多变量情形,该综合统计量有利于排除虚假变异点或弱变异点的干扰,结果更为可靠。

2.4　多变量系列变异性综合诊断方法

　　一般在实际变异性诊断过程中需对系列对象分别进行趋势性变异检验和跳跃性变异检验,考虑到选用的检验方法可能存在不一致的检验结果,且会出现系列同时存在趋势性变异及跳跃性变异的情况,为了统一诊断结果,则需进一步进行综合诊断。谢平等[152]提出了效率系数的方法对单变量系列的变异特性进行综合诊断,方法如下:

　　首先分别计算趋势性变异及跳跃性变异模型的模拟值 S_i。

　　对于趋势性变异模型,一般采用线性回归法对水文样本系列进行拟合,得到对应的线性回归方程 $f(t), t=1,2,\cdots,n$,则可求得 S_i:

$$S_i = f(i), \ i = 1, 2, \cdots, n \tag{2.30}$$

对于跳跃性变异模型，S_i 计算如下：

$$S_i = \begin{cases} \dfrac{1}{p}\sum_{i=1}^{p} O_i, \ i \leqslant p \\[3mm] \dfrac{1}{n-p}\sum_{i=p+1}^{n} O_i, \ i > p \end{cases} \tag{2.31}$$

其中，S_i 是变异性模型的模拟值；O_i 是样本系列的实测值。

再根据求得的变异性模型的模拟值计算其与原样本系列的效率系数，公式如下：

$$C = 1 - \frac{\sum\limits_{i=1}^{n}(O_i - S_i)^2}{\sum\limits_{i=1}^{n}(O_i - \overline{O})^2} \tag{2.32}$$

这里的效率系数 C 反映了模型与原始序列间的拟合程度，C 越大则说明拟合程度越好，反之亦然。通过计算对比两种变异性模型下的效率系数，选择较大值对应的变异类型为最终的变异形式，并结合流域实际情况给出合理的最终诊断结论。

但是，对于多变量样本系列，原本用于单变量系列变异性综合诊断的效率系数无法直接使用。因此，本书在原有效率系数基础上进行扩展，提出了用于综合诊断多变量系列变异性的效率系数 N_{se}，计算公式如下：

$$N_{se} = 1 - \frac{\sum\limits_{j=1}^{m}\sum\limits_{i=1}^{n}(O_{i,j} - S_{i,j})^2}{\sum\limits_{j=1}^{m}\sum\limits_{i=1}^{n}(O_{i,j} - \overline{O})^2} \tag{2.33}$$

其中，N_{se} 为效率系数；$O_{i,j}$ 为实测值；i 为时间，j 为序列维数；$\overline{O}$ 为实测序列均值；$S_{i,j}$ 为变异模型的模拟值。在趋势性和跳跃性变异模型中可分别通过以下方法进行计算：

在趋势性变异模型中，$S_{i,j} = f(i,j)$，其中 $f(i,j)$ 为线性回归方法得到的趋势线方程。

在跳跃性变异模型中,模拟值 $S_{i,j}$ 通过下式计算:

$$S_{i,j} = \begin{cases} \dfrac{1}{\tau}\displaystyle\sum_{i=1}^{\tau} O_{i,j}, & i \leqslant \tau \\[3mm] \dfrac{1}{n-\tau}\displaystyle\sum_{i=\tau+1}^{n} O_{i,j}, & i > \tau \end{cases} \tag{2.34}$$

式中,τ 为变异性检验中得到的最有可能发生变异的点。

效率系数越大,表示拟合程度越高,说明该系数对应的变异性占主导,通过计算对比两种变异性情况下的效率系数,选择较大值对应的变异类型为最终的多变量变异形式,并结合流域实际情况给出合理的最终诊断结论。

2.5 应用示例

以黄龙滩 1956—2005 年间 7 日洪量与洪峰为例,采用上述方法对其趋势性和跳跃性进行分析。

2.5.1 趋势性检验结果

根据 2.2 节中所介绍的用于多变量趋势性诊断的多元 Mann-Kendall 检验法以及 Spearman 的 rho 型检验法,本书计算了基于多元 Mann-Kendall 检验法的协方差反演检验特征值 D、基于多元 Mann-Kendall 检验法的协方差和检验特征值 H、基于 Spearman 法的协方差反演检验特征值 B 以及基于 Spearman 法的协方差和检验特征值 P,并将检验特征值与显著性水平 $\alpha = 0.05$ 的临界值进行比较,其中统计变量 D 和 B 近似地服从 χ^2 分布,对应阈值均为 5.99;而统计变量 H 和 P 分别服从于均值为 0,方差为 $\mathrm{Var}(H)$ 和 $\mathrm{Var}(P)$ 的正态分布,对应阈值均为 1.96。表 2.1 给出了黄龙滩 1956—2005 年间 7 日洪量与洪峰系列的趋势性检验结果,可以发现,所有检验特征值的统计量绝对值均超过了阈值,说明多变量系列发生了显著的趋势性变异,其中 CST 指标的正负代表了何种趋势变异,不论基于 MK 的 CST 统计量还是基于 Spearman 的 CST 统计量均为负,结论统一表示多变量系列发生了减小的趋势性变异,并且比较两种检验法的 CIT 和 CST 指标发现基于 MK 法的特征值大小均大于基于 Spearman 法对应的特征值,这是方法本身带来的系统性差异,总体而言不影响趋势性诊断的准确性。

表 2.1　1956—2005 年 7 日洪量与洪峰系列多变量趋势性诊断结果

特征值	统计量	阈值	显著性判断
基于 MK 的 CIT 检验(D)	6.94	5.99	显著
基于 MK 的 CST 检验(H)	−2.59	1.96	显著
基于 Spearman 的 CIT 检验(B)	6.08	5.99	显著
基于 Spearman 的 CST 检验(P)	−2.24	1.96	显著

　　图 2.9 和图 2.10 分别为 1956—2005 年 7 日洪量与洪峰的单变量系列趋势图,其中虚线即为对应变量的趋势,从图中可以看到 7 日洪量与洪峰系列的趋势线都是向下倾斜的,说明两个变量系列都存在减小的变化趋势,这一结果与多变量趋势性诊断结果相同,进一步证明了多变量系列趋势性诊断结果的合理性。

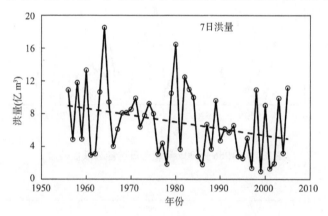

图 2.9　1956—2005 年间 7 日洪量系列趋势

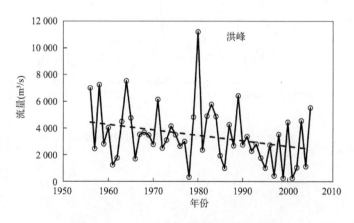

图 2.10　1956—2005 年间洪峰系列趋势

2.5.2　跳跃性检验结果

采用 2.3.2 节提出的基于启发式分割算法的多维时间序列突变点检测方法对黄龙滩最大 7 日洪量与洪峰流量进行变异点检测。最大 7 日洪量与洪峰流量的时间序列图如图 2.11、图 2.12 所示,从图中可以看出,BG 算法的检测结果分别为最大 7 日洪量变异点为 1985 年,洪峰流量变异点为 1990 年。取 $\alpha = 0.5$,绘制各自及综合的统计量过程线,如图 2.13 所示,从图中可以看出,综合统计量得出的变异点为 1985 年,因此判定为该洪量、洪峰两变量系列在 1985 年发生了显著的跳跃性变异。

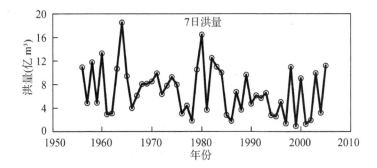

图 2.11　1956—2005 年间 7 日洪量跳跃性检验

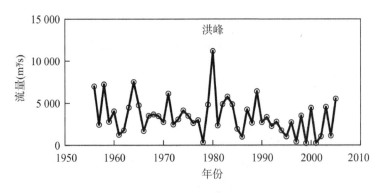

图 2.12　1956—2005 年间洪峰跳跃性检验

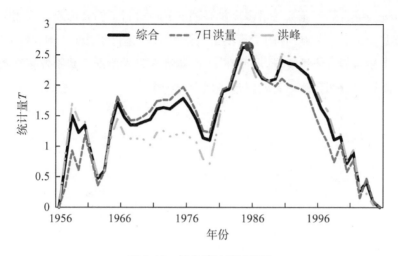

图 2.13　综合统计量过程线

2.5.3　综合诊断结果

通过以上分析可得，7 日洪量与洪峰系列同时存在趋势性和跳跃性变异。因此，分别计算趋势性变异和跳跃性变异的综合效率系数 N_{se}，见表 2.2。结果显示，趋势性变异的效率系数大于跳跃性变异对应的效率系数，因此判断该洪水极值系列发生了以趋势性为主的非一致性变异。

表 2.2　效率系数结果表

变异特性	效率系数 N_{se}
趋势性	0.10
跳跃性	0.08

2.6　小结

本章研究了多变量极值系列的变异性检验，主要包括趋势性诊断和跳跃性诊断。在多变量趋势性诊断方面，采用了多元 Mann-Kendall 方法和 Spearman 的 rho 型检验法；在跳跃性诊断方面，基于单变量情形下的启发式分割算法，提出了基于启发式分割算法的多变量跳跃性检验方法，并通过模拟实验的方式评估了该方法的可靠性。同时考虑到系列可能同时存在趋势性和跳跃性问题，采用了改进的综合效率系数法对多变量系列变异性进行了综合诊断。采用上述方法对黄龙滩 1956—2005 年的 7 日洪量与洪峰系列进行了诊断分析,结果表明,系列存在显著的趋势性变异,同时在 1985 年存在显著跳跃。基于效率系数法的综合诊断结果表明,峰-量系列以趋势性变异为主。

第三章

IPCC多模式预估降雨数据的校正处理

非一致性条件下的水文频率分析中很重要的一个环节就是水文系列的分布拟合,无论是单变量系列的变参数边缘分布拟合还是多变量系列的变参数联合分布模型构建,都涉及选择协变量作为驱动因子与模型参数构建线性关系,以此来描述环境变化带来的非一致性影响。一般常用的协变量有时间和气象因子(如降雨),本书采用时间因子和降雨因子作为协变量进行研究。考虑到时间系列是固定值因而可直接使用,而为了能够获得未来降水的预估信息作为降雨系列,本书选用 IPCC 提供的全球气候模式(Global Climate Models,GCMs)的预估数据。除了本身无法避免的系统误差外,各 GCMs 模式有自己的预报方法和特点,不一定完全适用于研究地区,且通常难以确定出一个最优模式。为了提高水文设计值估计的可靠性,用作协变量的 IPCC 预估数据需要经过处理校正后才可使用。目前,对于 IPCC 数据的处理,使用较多的是模型集合平均法,但是这种采用集合平均的方法进行简单数据处理得到的结果都存在较大的偏差,并且导致预估数据具有较大的不确定性。本章借鉴集合预报的思路,采用泰勒图对 CMIP5 中的 28 个 GCMs 模式进行优选,基于优选的 GCMs 模式提供的 IPCC 数据,采用贝叶斯模型平均(BMA)技术和 Vine Copula 函数方法进行校正处理,并对经各校正技术修正处理后的 IPCC 历史模拟数据进行精度评估,筛选出最优处理方法,最终获得精度较高的 IPCC 校正处理数据作为建模所需的降雨协变量。

3.1 IPCC 数据描述

联合国政府间气候变化委员会(IPCC)基于社会经济的发展速度以及对能源的利用水平,假定了不同的未来温室气体排放情景,并且全球的研究中心都以此为前提选用不同的全球气候模式(GCMs),对全球气候进行了历史模拟以及未来的长期预测。

IPCC 的第五次评估报告在 2013 年 9 月发布,此次发布的关于长期日降水预估数据主要基于全球耦合模式的比较计划第五阶段(CMIP5)的研究成果。不同于 CMIP3 温室气体的排放情景设定,第五次报告所采用的温室气体排放情景是典型浓度路径(Representative Concentration Pathways,简称 RCP),并从低到高设置了 4 个 RCP,依次为 RCP2.6,RCP4.5,RCP6.0 及 RCP8.5[78-80]。对 GCMs 各模式模拟及预测能力的评估结果表明,虽然不同阶段 GCMs 产品的精度在逐步提升,但结果仍存在较大的偏差,尤其对降水的预估精度较低[153]。因此,在使用的时候往往需要对原始输出结果进行校正处理。

本次研究流域为黄龙滩水库上游控制流域。实测降雨选用控制流域上 28 个气象站的面平均降雨数据,预报降雨选用 RCP4.5 排放情景下 CMIP5 提供的表 3.1 中所示的 28 个 GCMs 模式的月降雨历史模拟及未来的长期预估数据,并采用面积加权平均法对研究流域上的 IPCC 栅格数据进行统一处理后作为本次研究的面平均降雨,计算公式如下:

$$p = \frac{\sum_{i=1}^{n} A_n \cdot p_n}{A} \tag{3.1}$$

式中,p 为流域面平均降雨;A 为流域面积;A_n 为第 n 个栅格降雨所占流域的面积;p_n 为该栅格的预估降雨值。

图 3.1 所示为研究流域上方的 IPCC 数据栅格覆盖情况示意图,本研究流域的 IPCC 数据栅格取 $n=2\sim3$ 即可实现全流域覆盖。在数据处理时,视各模式数据栅格覆盖情况,采用上述面积加权法进行处理即可。

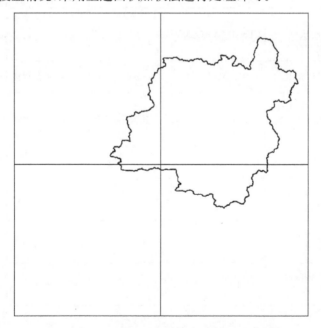

图 3.1　IPCC 多模式数据栅格覆盖情况示意图

表 3.1　GCMs 基本信息

编号	研究单位	模式名称	分辨率	时间段	
				历史模拟	未来预报
M1	中国气象局北京气候中心	BCC‐CSM1.1	2.812 5×2.790 6	185001—201212	200601—209912
M2	中国气象局北京气候中心	BCC‐CSM1.1(m)	1.125×1.121 5	185001—201212	200601—210012
M3	北京师范大学全球变化与地球系统科学学院	BNU‐ESM	2.812 5×2.790 6	185001—200512	200601—210012
M4	加拿大气候模拟与分析中心	CanESM2	2.812 5×2.790 6	185001—201212	200601—210012
M5	国家大气研究中心	CCSM4	1.25×0.942 4	185001—201212	200601—210012
M6	国家科学基金、能源部、大气研究中心	CESM1(CAM5)	1.25×0.942 4	185001—201212	200601—210012
M7	国家科学基金、能源部、大气研究中心	CESM1(WACCM)	2.5×1.894 7	185001—201212	200601—209912
M8	国家科学研究中心	CNRM‐CM5	1.406 3×1.400 8	185001—201212	200601—210012
M9	英联邦科学和工业研究组织与昆士兰气候变化卓越中心	CSIRO‐Mk3‐6‐0	1.875×1.865 3	185001—201212	200601—210012
M10	欧洲共同体地球联盟	EC‐EARTH	1.125×1.121 5	195001—200912	200601—210012
M11	中国海洋局第一海洋研究所	FIO‐ESM	2.812 5×2.790 6	185001—201212	200601—210012
M12	地球物理流体动力学实验室	GFDL‐CM3	2.5×2	195001—200512	200601—210012
M13	地球物理流体动力学实验室	GFDL‐ESM2G	2.5×2.022 5	195101—200512	200601—210012

续表

编号	研究单位	模式名称	分辨率	时间段	
				历史模拟	未来预报
M14	地球物理流体动力学实验室	GFDL‐ESM2M	2.5×2.022 5	195101—200512	200601—210012
M15	美国宇航局戈达德太空研究所	GISS‐E2‐H	2.5×2	195101—200512	200601—210012
M16	美国宇航局戈达德太空研究所	GISS‐E2‐R	2.5×2	195101—200512	200601—210012
M17	韩国国家气象研究所	HadGEM2‐AO	1.875×1.25	186001—200512	200601—209912
M18	英国气象办公室哈德利中心局	HadGEM2‐ES	1.875×1.25	193412—200511	200512—209911
M19	皮埃尔·西蒙·拉普拉斯学院	IPSL‐CM5A‐LR	3.75×1.894 7	185001—200512	200601—230012
M20	皮埃尔·西蒙·拉普拉斯学院	IPSL‐CM5A‐MR	2.5×1.267 6	185001—200512	200601—210012
M21	大气海洋研究所（东京大学）、日本海洋地球技术厅	MIROC5	1.406 3×1.400 8	185001—201212	200601—210012
M22	日本海洋地球科学技术厅、国家环境研究所	MIROC‐ESM	2.812 5×2.790 6	185001—200512	200601—210012
M23	日本海洋地球科学技术厅、国家环境研究所	MIROC‐ESM‐CHEM	2.812 5×2.790 6	185001—200512	200601—210012
M24	马克斯普朗克气象研究所（MPI‐M）	MPI‐ESM‐LR	1.875×1.865 3	185001—200512	200601—210012
M25	马克斯普朗克气象研究所（MPI‐M）	MPI‐ESM‐MR	1.875×1.865 3	185001—200512	200601—210012
M26	日本气象研究所	MRI‐CGCM3	1.125×1.121 5	185001—200512	200601—210012
M27	挪威气候中心	NorESM1‐M	2.5×1.894 7	185001—200512	200601—210012
M28	挪威气候中心	NorESM1‐ME	2.5×1.894 7	185001—200512	200601—210212

3.2 基于泰勒图的 GCMs 模式优选

GCMs 模式数量众多，直接对所有模式进行数据校正将会造成维数灾难以及计算效率降低的后果，因此，在数据校正之前，采用泰勒图及综合评价指标的方法先对众多 GCMs 模式进行初步挑选，有利于避免上述问题。

泰勒图的评估方法是 Taylor[154]于 2001 年提出的，泰勒图将模拟系列与实测系列间的指标值（相关系数、标准差及中心化均方根误差）绘在同一张图上，可以直观地比较各模式对实测值的模拟效果，在气候模式评估研究中的应用十分广泛[155]，其中相关系数（r）、均方根误差（RMSE）的公式见 3.5 节。假设实测序列为 o_i，对应的模拟序列为 s_i，$i=1,2,\cdots,n$ 年；则模拟与实测系列的标准差（分别为 σ_o，σ_s）、中心化均方根误差（CRMSE）可分别表示如下：

$$\sigma_o = \sqrt{\frac{1}{n}\sum_{i=1}^{n}(o_i-\bar{o})^2} \tag{3.2}$$

$$\sigma_s = \sqrt{\frac{1}{n}\sum_{i=1}^{n}(s_i-\bar{s})^2} \tag{3.3}$$

$$CRMSE = \sqrt{\frac{1}{n}\sum_{i=1}^{n}\left[(o_i-\bar{o})-(s_i-\bar{s})\right]^2} \tag{3.4}$$

式中，$\bar{o}$、$\bar{s}$ 分别为实测序列与模拟序列均值，并且 4 个指标间的关系为

$$CRMSE^2 = \sigma_0^2 + \sigma_s^2 - 2\sigma_0\sigma_s r \tag{3.5}$$

本次采用的是标准化的泰勒图，即将模式模拟系列的 σ_s 以及 CRMSE 除以实测系列的标准差 σ_o 可得标准化指标[156]，其中标准化 CRMSE 越小、标准化 σ_s 越接近 1 以及相关系数越大，则模拟效果越好。韩春风等[157]引入综合评价指标 M_s，并且 Schuenemann 等[158]对各模式的综合模拟能力进行排名，表达式为

$$M_s = 1 - \frac{1}{1\times k\times n}\sum_{i=1}^{k}rank_i \tag{3.6}$$

式中，n 为选用的 GCMs 个数；k 为评估指标个数（$k=3$）；$rank_i$ 为各模式在第 i 个评估指标下的排名（模拟能力越强排名越靠前，rank 值越小）。显然，模式的综合模拟能力越强，其 M_s 的值越接近于 1[159]。

3.3　基于贝叶斯模型平均(BMA)技术的 IPCC 数据校正

基于贝叶斯模型平均(BMA)的后处理集合统计方法是一种组合不同来源预测分布的标准方法。任何关注量的 BMA 预测概率密度函数(PDF)是以个别偏差校正预测为中心的 PDF 加权平均值,其中,权重为生成预测的模型的后验概率,并反映模型在训练期间对预测能力的相对贡献。

3.3.1　贝叶斯模型平均(BMA)基本理论

对于标准统计分析而言,如回归分析,通常是在一个假定的统计模型上有条件地进行的。一般地,这个模型是从几个可能的数据竞争模型中选择出来的,而数据分析师并不确定所选择的是否是最好的模型,对于其他没被选择的模型也可能会给出不错的结果,这就导致了不确定性,而典型的方法,即对被认为是"最佳"的单一模型进行条件作用的方法,忽略了这一不确定性来源,从而低估了不确定性。

贝叶斯模型平均[160-161]通过条件作用克服了这个问题,不再仅仅停留在单个"最佳"模型上,而是把注意力放在了整个统计模型集合上。假设变量 y 的训练样本为 y^T,所用的统计模型为 $M_1,\cdots,M_k$,根据总概率定律得到预测概率密度函数 $p(y)$ 为

$$p(y) = \sum_{k=1}^{K} p(y \mid M_k) p(M_k \mid y^T) \tag{3.7}$$

式中,$p(y \mid M_k)$ 是仅基于模型 M_k 的预测概率密度函数;$p(M_k \mid y^T)$ 是模型 M_k 在给定训练样本下修正后的后验概率,并且反映了模型 M_k 与训练样本的拟合程度。后验概率之和为 1,所以可表达成 $\sum_{k=1}^{K} p(M_k \mid y^T) = 1$,因此后验概率可看作权重,而 BMA 的概率密度函数是给定的每个单独模型的条件概率密度函数的加权平均值,而权重为它们的后验概率。Raftery[162]证明了 BMA 具有一系列理论上的最优性,并在各种模拟和实际数据情况下表现出良好的性能。

BMA 的基本思想是,对于任何给定的预测集合,都有一个"最佳"模型,但我们不知道它是哪个,因此我们可以用 BMA 对最佳模型的不确定性进行量化。可以使用任意概率偏差校正方法中的任何一种来校正每个确定性预测,从而产

生偏差校正预测 f_k，f_k 与条件概率密度 $g_k(y\,|\,f_k)$ 有关，解释 f_k 为集合上的最佳预测，则可以解释为条件为 f_k 的变量 y 的条件概率密度。BMA 预测模型表达式为

$$p(y\,|\,f_1,\cdots,f_K)=\sum_{k=1}^{K}w_kg_k(y\,|\,f_k) \tag{3.8}$$

式中，w_k 是模型 k 为最优模型的后验概率，这个概率值是基于模型 k 在训练期间的表现决定的，w_k 作为概率值决定了取值非负并且之和为 1，即 $\sum_{k=1}^{K}w_k=1$。

本书汇总使用 BMA 技术不仅可以对 GCMs 模式的预估数据校正，而且可以对降水输入进行不确定性分析，具体方法如下：

假设本书所选 k 个 GCMs 数据系列为 $S_1,S_2,\cdots,S_k$，实测系列为 O，根据全概率公式，修正后组合预报值 y 的后验概率密度公式为

$$p(y\,|\,O)=\sum_{i=1}^{k}p(S_i\,|\,O)p(y\,|\,S_i,O) \tag{3.9}$$

式中，$p(S_i\,|\,O)$ 是各模式 S_i 的后验概率即已知实测系列 O 的条件下 S_i 为最优模式的概率；$p(y\,|\,S_i,O)$ 是实测系列 O 和模式 S_i 已知情况下 y 的后验分布。

BMA 就是以 $p(S_i\,|\,O)$ 为权重，对各模式的后验分布 $p(y\,|\,S_i,O)$ 进行加权求得均值，各模式的权重大小与各自的预报精度紧密相连，预报精度越高的模式被赋予的权重越大，反之预报精度低的模式被赋予的权重小。

在这种情况下，BMA 的预测均值就是给定预测的 y 的条件期望，即：

$$E(y\,|\,f_1,\cdots,f_K)=\sum_{k=1}^{K}w_kf_k(y) \tag{3.10}$$

结果本身可以被视为一个确定性预测值，并可以与集合中的单个预测或集合平均值进行比较。

3.3.2　贝叶斯模型平均的参数估计

本书采用极大似然法[163]估计权重 w_k 的值，似然函数定义训练样本中待估参数的概率，视为参数的函数。极大似然估计量是使似然函数最大化的参数的

值,即观测数据最有可能被观测到的参数值。极大似然估计具有许多最优性[164]。

考虑到代数简单性和数值稳定性,对似然函数的对数最大化比对似然函数本身最大化更方便,因为使得对数最大化的参数同样满足使似然函数最大化。假设预测误差在空间和时间上是独立的,模型的对数似然函数为

$$l(w_1,\cdots,w_K,\sigma^2) = \sum_{s,t} \log \left(\sum_{k=1}^{K} w_k g_k(y_{s,t} \mid f_{k,s,t}) \right) \tag{3.11}$$

因为我们是为给定预测的标量观测估计条件分布,而不是同时为多个观测估计条件分布,因此独立性假设不太可能成立,这就不能在最大化上求得解析解,但是直接使用非线性最大化方法再继续数值求解又很复杂,因此我们使用期望最大化(EM)算法进行代替[165-166]。

EM 算法原本就是一种寻找最大似然估计量的迭代方法,在 E(期望)步骤和 M(最大化)步骤之间交替,从参数向量 θ 的最初猜想 $\theta^{(0)}$ 开始,在 E 步骤中,未观测量 $z_{k,s,t}$ 根据当前对参数的猜测估算求得,当 $z_{k,s,t}$ 对应的模型为最优时 $z_{k,s,t}=1$,否则 $z_{k,s,t}=0$;在 M 步骤中,θ 根据 $z_{k,s,t}$ 的当前值估算得到。对于正态 BMA 模型,E 步骤可表示为

$$\hat{z}_{k,s,t}^{(j)} = \frac{w_k g(y_{s,t} \mid f_{k,s,t} \sigma^{(j-1)})}{\sum_{i=1}^{K} w_i g(y_{s,t} \mid f_{i,s,t} \sigma^{(j-1)})} \tag{3.12}$$

其中,上标 j 代表 EM 算法的第 j 次迭代;$g(y_{s,t} \mid f_{k,s,t} \sigma^{(j-1)})$ 是正态密度函数。M 步骤则包括了用 $z_{k,s,t}$ 的当前估计值作为权重来估计 w_k 和 σ 值,记为 $\hat{z}_{k,s,t}^{(j)}$,则有:

$$w_k^{(j)} = \frac{1}{n} \sum_{s,j} \hat{z}_{k,s,t}^{(j)} \tag{3.13}$$

$$\sigma^{2(j)} = \frac{1}{n} \sum_{s,t} \sum_{k=1}^{K} \hat{z}_{k,s,t}^{(j)} (y_{s,t} - f_{k,s,t})^2 \tag{3.14}$$

其中,n 是训练样本的数量,即不同组 (s,t) 的数量。

步骤 E 和 M 迭代到收敛为止,其中定义的变化不超过任何对数可能性的一些小容差,对数似然在每一次 EM 迭代[167]时都会增加,这意味着通常它会收敛

到似然的局部极大值。由于无法保证收敛到全局最大值，因此算法得到的解对初始值较为敏感，基于过去经验的初始值通常对求解效果更好。

3.4 基于 Vine Copula 技术的 IPCC 数据校正

Vine Copula 是一种高维 Copula 函数，可以构造多变量的联合分布函数，相较于传统 Copula 函数而言，能更好地描述高维变量之间的复杂相依结构。根据这种特性，本节提出了基于 Vine Copula 函数的 IPCC 数据校正方法，基本步骤为首先拟合各变量系列的边缘分布函数，然后构建 Vine Copula 联合分布函数，并推求给定 IPCC 数据下实测降雨量的条件分布函数，对条件分布进行抽样并选择适当的分位数（如 50％分位点）生成确定性结果。

3.4.1 边缘分布的拟合及优选

构建 Vine Copula 联合分布之前，需要通过概率积分变换将降雨数据转换为 $[0,1]$ 上的变量，因此，首先要构建降雨数据的边缘分布函数。本书选用水文中常用的三参数 Weibull 分布、正态分布（Normal）、三参数对数正态分布（Log-normal）、三参数伽马分布（P-Ⅲ）以及广义极值分布（GEV）作为备选的边缘分布，各分布线型的概率密度函数如下。

（1）三参数 Weibull 分布

$$f(x) = \frac{\alpha}{\beta} \left(\frac{x - x_0}{\beta} \right)^{\alpha - 1} \exp\left(-\left(\frac{x - x_0}{\beta} \right)^{\alpha} \right) \tag{3.15}$$

式中，α 为形状参数；β 为尺度参数；x_0 为位置参数。

（2）正态分布

$$f(x) = \frac{1}{\sqrt{2\pi}\sigma} e^{-\frac{(x-\mu)^2}{2\sigma^2}} \tag{3.16}$$

式中，μ 为平均数（总体均值 EX）；σ 为标准差。

（3）三参数对数正态分布

$$f(x) = \frac{1}{\sigma\sqrt{2\pi}(x - x_0)} \exp\left\{ -\frac{[\ln(x - x_0) - \mu]^2}{2\sigma^2} \right\} \tag{3.17}$$

式中，μ 为形状参数；σ 为尺度参数；x_0 为位置参数。

（4）三参数伽马分布

$$f(x) = \frac{\beta^a}{\Gamma(\alpha)}(x-x_0)^{a-1}\exp(-(x-x_0)\beta) \tag{3.18}$$

式中，α 为形状参数；β 为尺度参数；x_0 为位置参数。

（5）广义极值分布

$$f(x) = \frac{1}{\alpha}\left[1-\frac{k(x-x_0)}{\alpha}\right]^{\frac{1}{k}-1}\exp\left\{-\left[1-\frac{k(x-x_0)}{\alpha}\right]^{\frac{1}{k}}\right\} \tag{3.19}$$

式中，k 为形状参数；α 为尺度参数；x_0 为位置参数。

以备选分布分别拟合数据的边缘分布，采用 K-S 检验评价不同备选分布函数的拟合度，从而选择最适合的边缘分布函数。柯尔莫哥罗夫-斯米尔诺夫检测（Kolmogorov-Smirnov test，K-S test）是基于经验分布函数构建的，用以检验分布是否符合某种理论分布，由此决定样本是否来自该特定分布的总体。假设检验问题如下：

H_0：样本所来自的总体分布服从某种特定分布；

H_1：样本所来自的总体分布不服从某种特定分布。

其统计值 D 计算公式为

$$D = \max_{1\leqslant i\leqslant n}|F_n(x_{(i)})-F_o(x_{(i)})| \tag{3.20}$$

式中，$F_n(x_{(i)})$ 为数据 $x_{(i)}$ 在待检验的理论分布中的累积概率；$F_o(x_{(i)})$ 为数据 $x_{(i)}$ 经验分布的累积概率。若 $D\leqslant D(n,p)$，则 H_0 成立；反之 H_1 成立。其中，$D(n,p)$ 为某一显著性水平下的临界统计值，n 代表样本数目，p 为显著性水平。由上述分析知，D 值越小，分布拟合的效果越好。

3.4.2 基于 Vine Copula 的 IPCC 数据校正

Copula 函数[168]是定义在 $[0,1]$ 区间上均匀分布的多维联合分布函数，通过连接多个随机变量任意形式的边缘分布构建联合分布。假设有 d 维变量 $X=(X_1,\cdots,X_d)$ 的联合分布函数为 $F(x_1,x_2,\cdots,x_n)$，则存在一个 Copula 函数使得

$$F(X_1,\cdots,X_d)=C(F(X_1),\cdots,F(X_d))=C(u_1,\cdots,u_d) \quad (3.21)$$

其中，u_d 对应 $F(X_d)$，是变量 X_d 的边缘分布，如果 $F(X_i)$，$i=1,2,\cdots,n$ 都是连续的，那么存在唯一的 C。多维联合分布密度函数 $f(x_1,\cdots,x_n)$ 可以表示为

$$f(x_1,x_2\cdots,x_n)=\prod_{i=1}^{n}f(x_i)\cdot c(u_1,u_2,\cdots,u_n) \quad (3.22)$$

式中，$f(x_i)$ 为随机变量 x_i 的边缘密度函数；$c(u_1,u_2,\cdots,u_n)$ 为 Copula 密度函数。并且当 Copula 绝对连续时，其密度函数 c 的偏微分表达式[169] 为

$$c(u_1,\cdots,u_d)=\frac{\partial^d C(u_1,\cdots,u_d)}{\partial u_1,\cdots,\partial u_d} \quad (3.23)$$

为了更好地刻画复杂依赖结构，Joe[170] 在 1996 年提出了 Vine Copula（藤 Copula）的概念，并指出 Vine Copula 是一种高维度（$d>2$）的 Copula 函数，通过 Pair Copula 结构（PCC）将 d 维多元密度函数分解为 $d(d-1)/2$ 个二元 Copula 密度的乘积，Bedford 和 Cooke 在此基础上引入了"正则藤"（Regular Vine，R-Vine）的概念，并以层次化的图形模型进行解释：一个 d 维随机变量的正则藤 Copula，由 $d-1$ 棵树构成，第 1 棵树的节点表示随机变量，节点间的连线称为边，代表的是由所连接两个节点组成的 Pair-Copula，第 i 棵树具有 $n+1-i$ 个节点和 $n-i$ 条边。除第 1 棵树外，后续每一棵树的节点都来自其前一棵树的边。多维系统有多种 PCC 分解结构，数量随维数增加呈量级式增长。在考虑节点顺序的情况下，n 维变量的 R-Vine 结构共有 $\dfrac{n!}{2}\cdot 2^{C_{n-2}^{2}}$ 种[171]，因此，若 n 值较大，计算效率将十分低下。

R-Vine 结构中有两种特殊的藤结构：C 藤（C-Vine）和 D 藤（D-Vine）。C 藤为星形结构，一个中心节点连接了其他所有节点；D 藤为平行直线形结构，一个节点最多与两条边连接[172]。藤结构的特性不同，适用的数据集类型也有所不同。D 藤适用于变量间相互较为独立的数据集，而当数据集含有引导其他变量的关键变量时 C 藤更为合适。图 3.2 是以五维变量为例分别展示的 C 藤及 D 藤 Copula 的结构图。

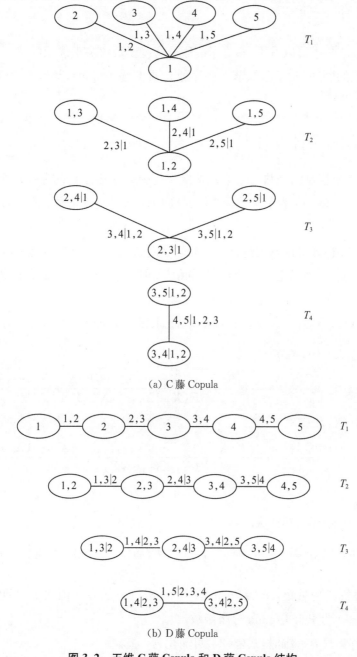

(a) C 藤 Copula

(b) D 藤 Copula

图 3.2 五维 C 藤 Copula 和 D 藤 Copula 结构

以图 3.2 中的五维 D 藤 Copula 结构为例,联合密度函数表达式为

$$f_{1,2,3,4,5} = f_1 f_2 f_3 f_4 f_5 c_{1,2} c_{2,3} c_{3,4} c_{4,5} c_{1,3|2} c_{2,4|3} c_{3,5|4} c_{1,4|2,3} c_{3,4|2,5} c_{1,5|2,3,4}$$

$$(3.24)$$

从式(3.24)中可以看出,多变量的联合密度函数取决于选用的藤 Copula 类型以及节点的顺序,对于已知节点顺序的 d 维 C 藤 Copula,其构造的联合密度函数表达式为[173]

$$f_{1,\cdots,d} = \prod_{k=1}^{d} f_k \prod_{j=1}^{d-1} \prod_{i=1}^{d-j} c_{i,i+j|i+1,\cdots,i+j-1}(F_{j|1,\cdots,j-1}, F_{j+i|1,\cdots,j-1}) \quad (3.25)$$

式中,d 为随机变量的维数;f_k 表示边缘密度函数;j 表示树的棵数;i 代表树上边的索引;$c_{\cdot|\cdot}(\bullet,\bullet)$ 表示藤结构中的二维 Copula 的密度函数;$F_{(\cdot|\cdot)}$ 为条件分布函数。

为了对多模式降雨数据进行校正处理,在获得了联合分布函数后,对 n 维随机变量,我们关注当给定 $n-1$ 维变量的值后,剩下的变量 x 在此条件集 v 下的条件分布 $F(x \mid v)$。假设有 n 个 GCMs 模式的降雨数据 $\{X_1, \cdots, X_n\}$,实测降雨序列为 X_{n+1},则利用 C 藤与 D 藤 Copula 求得的实测降雨条件分布可表示为

$$\begin{cases} F_C(X_{n+1} \mid X_1, \cdots, X_n) = \\ \qquad \dfrac{\partial C_{n+1,n|1,\cdots,n-1}\{F(X_{n+1} \mid X_1, \cdots, X_{n-1}), F(X_n \mid X_1, \cdots, X_{n-1})\}}{\partial F(X_n \mid X_1, \cdots, X_{n-1})} \\ F_D(X_{n+1} \mid X_1, \cdots, X_n) = \\ \qquad \dfrac{\partial C_{n+1,1|2,\cdots,n}\{F(X_{n+1} \mid X_1, \cdots, X_n), F(X_1 \mid X_2, \cdots, X_n)\}}{\partial F(X_1 \mid X_2, \cdots, X_n)} \end{cases}$$

$$(3.26)$$

条件分布通用表达式为

$$F(x \mid v) = \frac{\partial}{\partial F(v_j \mid v_{-j})} C_{xv_j|v_{-j}}\{F(x \mid v_{-j}), F(v_j \mid v_{-j})\} \quad (3.27)$$

其中,v 为条件变量集,v_j 为 v 中的一个分量;v_{-j} 为 v 除去 v_j 后的分量;$C_{xv_j|v_{-j}}(\bullet,\bullet)$ 为 Pair Copula 分布函数。

当条件集只有一维时,式(3.27)可简化为

$$F(x \mid v) = \frac{\partial}{\partial F(v)} C_{xv}\{F(x), F(v)\} \quad (3.28)$$

推求条件分布时需要将其分解为一维条件的式(3.27)然后递推,Joe[170]引入了二维变量的 h 函数及其反函数 h^{-1} 以便于条件分布的分解,表达式见表3.2,则式(3.28)可以表示成:

$$h(x,v,\theta)=F(x\mid v)=\frac{\partial}{\partial v}C(x,v,\theta)=w \tag{3.29}$$

$$x=h^{-1}(w,v,\theta) \tag{3.30}$$

式中, x 、v 为[0,1]上的均匀分布, θ 表示参数集,变量 x 的值通过 h^{-1} 求解; w 服从[0,1]均匀分布,作为条件分布的累积概率,实际应用中多次生成随机数 w 可实现对条件分布抽样,采用分布的某一分位数(如50%分位数)来提供单值结果。

表 3.2 二维 Copula 的 h 函数及其反函数表达式

Copula 类型	$h(u,v)$	$h^{-1}(u,v)$
Gaussia	$\phi\left(\dfrac{\phi^{-1}(u)-\rho\phi^{-1}(v)}{\sqrt{1-\rho^2}}\right)$	$\phi\left(\phi^{-1}(u)\sqrt{1-\rho^2}+\rho\phi^{-1}(v)\right)$
Student	$t_{v+1}\left(1+\dfrac{t_v^{-1}(u)-\rho\,t_v^{-1}(v)}{\sqrt{\dfrac{(v+(t_v^{-1}(v))^2)\cdot(1-\rho^2)}{v+1}}}\right)$	$t_v\left(t_{v+1}^{-1}(u)\sqrt{\dfrac{(v+(t_v^{-1}(v))^2)\cdot(1-\rho^2)}{v+1}}+\rho\,t_v^{-1}(v)\right)$
Clayton	$C(u,v,\theta)\cdot\dfrac{1}{v}\cdot(-\ln v)^{\theta-1}\cdot$ $\left[(-\ln u)^\theta+(-\ln v)^\theta\right]^{\frac{1}{\theta}-1}$	
Gumbel	$v^{-1-\theta}\cdot(u^{-\theta}+v^{-\theta}-1)^{-1-\frac{1}{\theta}}$	$\left[(uv^{\theta+1})^{\frac{\theta}{\theta+1}}+1-v^{-\theta}\right]^{-\frac{1}{\theta}}$
Frank	$\dfrac{(e^{-\theta u}-1)(e^{-\theta v}-1)+(e^{-\theta u}-1)}{(e^{-\theta u}-1)(e^{-\theta v}-1)+(e^{-\theta}-1)}$	$-\dfrac{1}{\theta}\ln\left[1+\dfrac{u(e^{-\theta}-1)}{1+(e^{-\theta v}-1)(1-u)}\right]$
Clayton	$1-(1-v)^{-1-\theta}\left[(1-u)^{-\theta}+\right.$ $\left.(1-v)^{-\theta}-1\right]^{-\frac{1}{\theta}-1}$	$1-\left\{\left[(1-u)(1-v)^{\theta+1}\right]^{\frac{-\theta}{\theta+1}}+1-(1-v)^{-\theta}\right\}^{-\frac{1}{\theta}}$

给定 u_i 表示 $F_i(x_i)$,下面以3个模式提供的 IPCC 预报数据情况为例,介绍实测降雨基于 C 藤 Copula 的条件分布计算公式:

$$F(X_4 \mid X_1, X_2, X_3) = \frac{\partial C_{4,3|1,2}(F(X_4 \mid X_1, X_2), F(X_3 \mid X_1, X_2))}{\partial F(X_3 \mid X_1, X_2)} =$$

$$\frac{\partial C_{4,3|1,2}\left(\dfrac{\partial C_{4,2|1}(F(X_4 \mid X_1), F(X_2 \mid X_1))}{\partial F(X_2 \mid X_1)}, \dfrac{\partial C_{3,2|1}(F(X_3 \mid X_1), F(X_2 \mid X_1))}{\partial F(X_2 \mid X_1)}\right)}{\partial F(X_3 \mid X_1, X_2)} =$$

$$\frac{\partial C_{4,3|1,2}\left(\dfrac{\partial C_{4,2|1}\left(\dfrac{\partial C(u_4 \mid u_1)}{\partial u_1}, \dfrac{\partial C(u_2 \mid u_1)}{\partial u_1}\right)}{\partial \left(\dfrac{\partial C(u_2 \mid u_1)}{\partial u_1}\right)}, \dfrac{\partial C_{3,2|1}\left(\dfrac{\partial C(u_3 \mid u_1)}{\partial u_1}, \dfrac{\partial C(u_2 \mid u_1)}{\partial u_1}\right)}{\partial \left(\dfrac{\partial C(u_2 \mid u_1)}{\partial u_1}\right)}\right)}{\partial F(X_3 \mid X_1, X_2)} =$$

$$h\{h[h(u_4, u_1, \theta_{1,4}), h(u_2, u_1, \theta_{1,2}), \theta_{2,4|1}], h[h(u_3, u_1, \theta_{1,3}), h(u_2, u_1, \theta_{1,2}), \theta_{2,4|1}]\}$$
$$(3.31)$$

同样条件下，实测降雨基于 D 藤 Copula 的条件分布计算表达式如下：

$$F(X_4 \mid X_1, X_2, X_3) = \frac{\partial C_{4,1|2,3}(F(X_4 \mid X_2, X_3), F(X_1 \mid X_2, X_3))}{\partial F(X_1 \mid X_2, X_3)} =$$

$$\frac{\partial C_{4,3|1,2}\left(\dfrac{\partial C_{4,2|3}(F(X_4 \mid X_3), F(X_2 \mid X_3))}{\partial F(X_2 \mid X_3)}, \dfrac{\partial C_{1,3|2}(F(X_1 \mid X_2), F(X_3 \mid X_2))}{\partial F(X_3 \mid X_2)}\right)}{\partial F(X_1 \mid X_2, X_3)} =$$

$$\frac{\partial C_{4,1|2,3}\left(\dfrac{\partial C_{4,2|3}\left(\dfrac{\partial C(u_4 \mid u_3)}{\partial u_3}, \dfrac{\partial C(u_2 \mid u_3)}{\partial u_3}\right)}{\partial \left(\dfrac{\partial C(u_2 \mid u_3)}{\partial u_3}\right)}, \dfrac{\partial C_{1,3|2}\left(\dfrac{\partial C(u_1 \mid u_2)}{\partial u_2}, \dfrac{\partial C(u_3 \mid u_2)}{\partial u_2}\right)}{\partial \left(\dfrac{\partial C(u_3 \mid u_2)}{\partial u_2}\right)}\right)}{\partial F(X_3 \mid X_1, X_2)} =$$

$$h\{h[h(u_4, u_3, \theta_{3,4}), h(u_2, u_3, \theta_{2,3}), \theta_{2,4|3}], h[h(u_1, u_2, \theta_{1,2}), h(u_3, u_2, \theta_{2,3}), \theta_{1,3|2}]\}$$
$$(3.32)$$

根据式(3.29)，实测降雨 X_{n+1} 可直接通过条件分布的反函数推求：

$$X_{n+1} = F^{-1}(\tau \mid X_1, \cdots, X_n) \tag{3.33}$$

式中，τ 是 X_{n+1} 值出现的概率，为 $(0,1)$ 之间的数；F^{-1} 表示联合分布的反函数。

下面总结基于 Vine Copula 技术的 IPCC 数据校正的具体操作步骤：

①优选备选函数对 IPCC 降雨数据及实测降雨系列进行边缘分布拟合。

②采用 C - Vine Copula 和 D - Vine Copula 构建 IPCC 降雨数据及实测降雨系列边缘分布的条件联合分布,并用 *AIC* 和 *BIC* 准则确定藤结构中各节点间的二维 Copula 函数。

③基于实测降雨系列与 IPCC 降雨数据之间的条件联合分布,根据未来的 IPCC 降雨及给定的预报降雨累积分布概率值,通过反函数推求预报降雨值。

3.5 校正效果评价指标

3.3 节和 3.4 节已经详细介绍了如何采用 BMA 技术和 Vine Copula 技术对优选后的 GCMs 模式下的 IPCC 数据进行校正,为了比较两种方法的数据校正能力,择优选择校正效果更好的降雨预估数据进行后续研究,本书选用 Spearman 秩相关系数、相关系数、均方根误差以及确定性系数 4 个评价指标对校正处理的数据进行综合评价。

(1) Spearman 秩相关系数

通常 Spearman 系数 ρ_s 可认为是对变量重新排序后的皮尔逊相关系数,假定实测系列为 o_j,$j=1,2,\cdots,n$,对应的预报值为 s_j,$j=1,2,\cdots,n$,o'_j 和 s'_j 分别为实测值和预报值按从大到小顺序重新排列后所在的位置,成为变量的秩次,则有 Spearman 系数的计算表达式如下:

$$\rho_s = \frac{\sum\limits_{i=1}^{n}(o_i - \bar{o})(s_i - \bar{s})}{\sqrt{\sum\limits_{i=1}^{n}(o_i - \bar{o})^2}\sqrt{\sum\limits_{i=1}^{n}(s_i - \bar{s})^2}} \tag{3.34}$$

式中,$\bar{o}$ 为实测系列的均值;$\bar{s}$ 为预估系列均值。ρ_s 值为正说明预报值有随实测值单调增大的趋势;ρ_s 值为负则说明预报值有随实测值单调减小的趋势;当 ρ_s 的绝对值越大时,说明两个变量系列间的关系越好。

(2) 相关系数

相关系数(r)最早由皮尔逊提出作为描述变量间线性相关程度的统计指标,随着研究的不断深入发明了很多种相关系数,本书选用常用的简单相关系数,也称线性相关系数。假定实测系列为 $O:\{o_j\}$,$j=1,2,\cdots,n$,对应的预报值为 $S:\{s_j\}$,$j=1,2,\cdots,n$,则 r 的计算公式为

$$r = \frac{\mathrm{Cov}(O,S)}{\sqrt{\mathrm{Var}[O]\mathrm{Var}[S]}} \tag{3.35}$$

其中，$\mathrm{Cov}(O,S)$ 为 O 和 S 之间的协方差；$\mathrm{Var}[O]$ 和 $\mathrm{Var}[S]$ 分别为变量 O 和 S 的方差。相关系数很好地刻画出了变量间的相关程度，$|r|$ 值越大说明变量间相关程度越好，反之则说明变量间的相关程度较差。当 $|r|=1$ 时，说明变量间存在线性关系；当 $|r|=0$ 时，则说明变量间不存在线性关系。

（3）均方根误差

均方根误差（RMSE）也称为标准误差，假定实测系列为 $o_j, j=1,2,\cdots,n$，对应的预报值为 $s_j, j=1,2,\cdots,n$，则计算公式如下：

$$RMSE = \sqrt{\frac{1}{n}\sum_{j=1}^{n}(o_j - s_j)^2} \tag{3.36}$$

RMSE 值对特别大或特别小的误差十分敏感，因此在本书中可被用来刻画预报的精密程度，不同于标准差反映数据自身离散程度，均方根误差可以衡量出预报值与实测值间的偏差，RMSE 值越小说明预报效果越好。

（4）确定性系数

确定性系数（DC）是一个变量与其他变量间关系的数字特征，是反映变量之间可靠程度的统计指标，假定实测系列为 $o_j, j=1,2,\cdots,n$，对应的预报值为 s_j，$j=1,2,\cdots,n$，计算公式如下：

$$DC = 1 - \frac{\sum_{j=1}^{n}(o_j - s_j)^2}{\sum_{j=1}^{n}(o_j - \bar{o})^2} \tag{3.37}$$

其中，$\bar{o}$ 为实测系列的均值；通常 DC 的范围在 $(0,1)$ 之间，当 DC 接近 1 时说明预报效果很好，反之则说明预报效果较差。

3.6 应用示例

本书的研究对象为 1956—2005 年黄龙滩水库上游控制流域的最大 7 日入库洪量以及洪峰系列。在模型构建中考虑了时间及降雨因子协变量对模型参数的影响，时间因子是固定的连续数值，对应于 1956—2005 年的 7 日洪量或洪峰系列可取数值 1～50 作为控制协变量,而考虑到洪水与暴雨间的关系,降雨因子应与洪水具有同步性,现将 1956—2005 年间 7 日洪量与洪峰的发生月份进行了统计,如图 3.3 和图 3.4 所示。

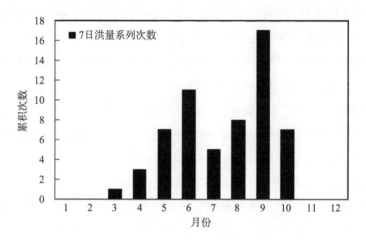

图 3.3 1956—2005 年间 7 日洪量发生月份统计图

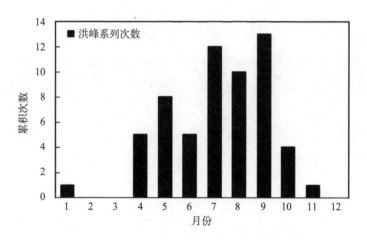

图 3.4 1956—2005 年间洪峰发生月份统计图

从图 3.3 可知,1956—2005 年的 50 年间 7 日洪量发生过的月份为 3—10 月,考虑到正常洪水一般发生在 6—10 月的汛期,只发生过一次的 3 月份不适合规律,可视为异常现象不计入统计,因此 7 日洪量对应的降雨涉及了 4—10 月这几个月份,可将每年 4—10 月的月平均降雨求和并作为 7 日洪量系列边缘分布模型的降雨因子协变量。同理可对图 3.4 进行分析,对不符合洪水发生规律且仅发生过一次洪峰的 1 月及 11 月视为异常,然后将每年 4—10 月的月平均降雨求和并作为洪峰系列边缘分布模型的降雨因子协变量。综述可知,无论7 日洪量还是洪峰系列,两者的降雨因子协变量都是 4—10 月的月平均降雨之和,并可进行后续的协变量处理及模型的参数率定。

本次研究降雨因子的数据来源是 CMIP5 中的 GCMs 模式降雨历史模拟值和 RCP4.5 排放情境下的未来长期成果,利用泰勒图对 28 个 GCMs 模式进行优选,最终选用综合模拟能力较强的 6 个 GCMs 模式进行研究。图 3.5 给出了28 个 GCMs 模式的标准化泰勒图,将指标的评价结果以极坐标的形式展示,共有相关系数、标准化后的标准差及中心化均方根误差 3 个指标。其中,标准差为蓝色半圆点划线,对应的坐标值为横坐标数值;均方根误差为红色圆弧,坐标值在对应的圆弧外面;相关系数为由原点向外的黑色虚线,对应的坐标值在最外围圆弧外面。以图中模式 17 为例,可以看出标准化之后的标准差为 1.021,中心化均方根误差为 1.165,相关系数为 0.336。

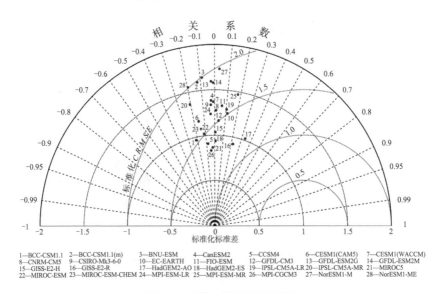

图 3.5　各模式标准化泰勒图

1—BCC-CSM1.1　2—BCC-CSM1.1(m)　3—BNU-ESM　4—CanESM2　5—CCSM4　6—CESM1(CAM5)　7—CESM1(WACCM)
8—CNRM-CM5　9—CSIRO-Mk3-6-0　10—EC-EARTH　11—FIO-ESM　12—GFDL-CM3　13—GFDL-ESM2G　14—GFDL-ESM2M
15—GISS-E2-H　16—GISS-E2-R　17—HadGEM2-AO　18—HadGEM2-ES　19—IPSL-CM5A-LR　20—IPSL-CM5A-MR　21—MIROC5
22—MIROC-ESM　23—MIROC-ESM-CHEM　24—MPI-ESM-LR　25—MPI-ESM-MR　26—MPI-CGCM3　27—NorESM1-M　28—NorESM1-ME

注:本图彩图见附图 4。

基于泰勒图结果,分别计算各 GCMs 模式的综合评价指标 Ms 见表 3.3,综合评价指标 Ms 越大说明拟合效果越好,按 Ms 值从大到小进行排名,其中

M5 和 M23 的综合指标一样，并列第 5，最终选择编号为 M1、M5、M16、M17、M22、M23 这 6 个 Ms 排名靠前的 GCMs 模式为最优模式。

表 3.3　综合评价指标结果统计

编号	标准化偏差排名	标准化均方根误差排名	相关系数排名	累计排名	综合评价指标 Ms	Ms 排名
M1	3	11	3	17	**0.798**	**3**
M2	26	26	9	61	0.274	22
M3	27	27	13	67	0.202	25
M4	21	21	21	63	0.250	23
M5	8	6	14	28	**0.667**	**5**
M6	12	18	7	37	0.560	12
M7	20	20	26	66	0.214	24
M8	15	14	25	54	0.357	19
M9	18	19	19	56	0.333	20
M10	14	9	11	34	0.595	8
M11	17	15	15	47	0.440	17
M12	10	8	17	35	0.583	10
M13	25	24	22	71	0.155	26
M14	24	23	27	74	0.119	28
M15	4	7	28	39	0.536	13
M16	6	2	2	10	**0.881**	**2**
M17	1	1	1	3	**0.964**	**1**
M18	5	5	24	34	0.595	8
M19	16	12	12	40	0.524	14
M20	19	22	4	45	0.464	15
M21	9	4	23	36	0.571	11
M22	2	10	10	22	**0.738**	**4**
M23	7	13	8	28	**0.667**	**5**

续表

编号	标准化偏差排名	标准化均方根误差排名	相关系数排名	累计排名	综合评价指标 Ms	Ms 排名
M24	13	16	18	47	0.440	17
M25	22	17	6	45	0.464	15
M26	11	3	16	30	0.643	7
M27	28	25	20	73	0.131	27
M28	23	28	5	56	0.333	20

图 3.6 中给出了 1956—2005 年实测以及优选出的 6 个 GCMs 模式下的 IPCC 降雨预估均值系列,其中阴影面积为 6 个 GCMs 模式下的 IPCC 降雨预估变化范围,从图中可以看出,对 6 个 GCMs 模式下的 IPCC 降雨预估取均值后得到的系列虽然和实测系列基本重叠,但是无法精准地拟合实测系列的峰、谷,因此需要采用更科学的数据处理方法提高预估数据的精度。

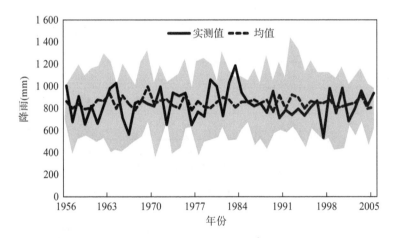

图 3.6 优选模式下降雨系列拟合效果

分别采用 BMA、C-Vine Copula 以及 D-Vine Copula 方法对优选出的 6 个 GCMs 模式下 1956—2095 年的 IPCC 降雨预估数据进行概率预报,其中,构建 Vine Copula 函数之前需进行边缘分布的拟合,本次研究选取了 GEV、Weibull、Lognormal、正态和 P-Ⅲ 分布函数作为备选边缘分布,并采用 K-S 检验法在 0.05 显著性水平下评价拟合效果,当 K-S 检验结果中的 D 值比临界值小时,表明通过显著性检验，并且分别选择最小 D 值对应的分布作为 6 个模式下降雨预估系列的优选边缘分布。各模式最终确定的边缘分布函数类型及 K-S 检验结果见表 3.4，并且由统计结果可知 6 种模型预报系列的边缘分布均通过了显著性检验，可以使用。

表 3.4　边缘分布拟合结果

序列	选用分布函数类型	K－S 检验(D 值)	$\alpha＝0.05$ (D 值临界值)
实测	GEV	0.077 48	
M1	Weibull	0.059 40	
M5	GEV	0.046 71	
M16	GEV	0.074 82	0.188 41
M17	P－Ⅲ	0.093 69	
M22	Weibull	0.059 84	
M23	Weibull	0.091 22	

将上述 6 个 GCMs 模式的模拟降雨与实测数据建立 7 维联合分布，利用 AIC 指标优选组成 Vine Copula 的二维 Copula 类型，优选范围为水文领域常用的 Archimedean Copula 函数中的 Clayton、Gumbel、Frank 型及它们的旋转结构，采用极大似然法估计其参数。根据 Vine Copula 模型建立的实测与模式模拟之间的联合分布，在给定 GCMs 模拟值的情况下，可以构建以 GCMs 模拟值为条件的实测降雨的条件分布。由于难以获得条件分布的解析解，采用抽样的方式进行求解，具体为针对每年的条件分布函数，采用马尔科夫链蒙特卡洛方法从条件分布函数中随机抽取 10^4 个样本，一般将样本中位数即 50％置信度的值作为确定性结果。

图 3.7 依次展示了验证期 1956—2005 年间 6 个最优 GCMs 模式下历史模拟数据及 BMA、C－Vine 和 D－Vine 3 种技术的校正处理数据与实测系列间的校正效果评价，其中 Spearman 秩相关系数、相关系数和确定性系数一般在 [0,1] 之间，且越接近 1 表示拟合效果越好；均方根误差描述的是模拟系列与实测系列的误差关系，该指标越小说明模拟效果越好。从图中可以清晰地看出，即使是已经筛选过的 6 个最优 GCMs 单模式下的模拟结果精度依然很差，基于 BMA 技术的模拟系列的 Spearman 秩相关系数、相关系数和确定性系数优于部

分 GCMs 模式,但同样较差;均方根误差优于各 GCMs 模式;而基于 C - Vine 和
D - Vine 两种技术的评价指标均优于各 GCMs 模式及 BMA 技术,因此可以发
现,3 种校正技术都在一定程度上对多模式下的预估数据进行了集成及校正,提
高了精度,相较而言,BMA 技术的校正能力有限,而 C - Vine 和 D - Vine 两种
技术可以大幅度提高预报的精度。

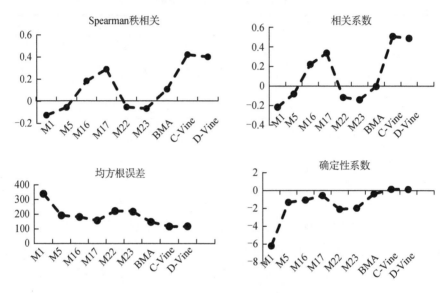

图 3.7 评价指标结果

为了精准筛选出上述 3 种校正技术中最优的方法,以便将其作为本次研究
的 IPCC 数据的校正处理方法得到未来降雨因子协变量系列,因此将 3 种技术
的模拟精度评估进行了统计,结果见表 3.5。

表 3.5 验证期 3 种 IPCC 数据校正处理方法效果统计

方法	Spearman 秩相关系数 ρ_s	相关系数 r	均方根误差 $RMSE$	确定性系数 DC
BMA	0.107	−0.004	147.954	−0.376
C - Vine	0.418	0.506	116.982	0.139
D - Vine	0.398	0.487	118.398	0.119

如表 3.5 所示,本书选择了 Spearman 秩相关系数、相关系数、均方根误差以及确定性系数对 3 种 IPCC 数据的校正处理方法效果进行了评估比较,考虑到部分指标在(0,1)之间,且相差不大,因此统计指标均保留小数点后 3 位。由表 3.5 的统计结果可知,3 种方法中 C-Vine 的 ρ_s 值最大,而 BMA 的 ρ_s 值最小,根据 3.1 节中对各评估指标的描述,ρ_s 值越大表示模拟精度越高,ρ_s 值越小表示模拟精度越差,因此在 Spearman 秩相关系数评价指标下 C-Vine 的模拟效果最好,BMA 模拟效果相对较差。再比较 3 种方法的相关系数,BMA 的 r 值为负,一般 r 值在[0,1]范围内,且越大说明模拟效果越好,出现负值说明用 BMA 方法处理后的预报数据与实测值间相关性较差,模拟效果不好,而 C-Vine 的 r 值稍大于 D-Vine,说明在相关系数评价指标下,C-Vine 的模拟效果最好,BMA 模拟效果最差。均方根误差越小说明模拟效果越好,比较 3 种方法的均方根误差值可知,BMA 的模拟效果相对最差,C-Vine 和 D-Vine 的 $RMSE$ 值非常接近,相比之下 C-Vine 的模拟效果最好。确定性系数指标的评价方法是 DC 值越接近 1 说明效果越好,从表 3.5 可知 C-Vine 的 DC 值最接近 1,BMA 的 DC 值离 1 最远,说明在确定性系数指标评价下 C-Vine 的模拟效果最好,BMA 的模拟效果最差;虽然 C-Vine 的 DC 值为 0.139,与水文上对模拟效果较好的常规认知相差甚远,但考虑到 6 个单模式的 DC 值很低,并且统计计算了 6 个模式平均的 DC 值仅为 -0.26,C-Vine 技术对模式均值的确定性系数提升率达到了 150%,可见,C-Vine 技术对数据具有良好的校正作用。综合上述 4 个评价指标的结果,可以看到,总体上 C-Vine 和 D-Vine 的模拟效果较为接近,其中 C-Vine 在所有评价指标中效果最优,而 BMA 的 4 个评价指标结果均最差,因此本次研究选用 C-Vine 作为最优校正方法,后续设计值计算所用的降雨因子采用基于 C-Vine Copula 的 IPCC 未来降雨预估数据的校正处理值,此外还发现 Vine Copula 方法对 IPCC 的校正效果明显优于 BMA 方法。图 3.8 展示了 1956—2005 年验证期间实测降雨系列及基于 3 种处理方法的 IPCC 校正系列,图中黑线代表实测降雨系列,红线代表基于 C-Vine 校正后的 IPCC 降雨系列,绿线代表基于 D-Vine 校正后的 IPCC 降雨系列,蓝线代表基于 BMA 校正后的 IPCC 降雨系列。不难发现,红、绿、蓝三种线条整体的变化趋势与实测值系列的线条基本一致,但是 BMA 方法对应的蓝色线条在某些拐点处的变化与实测值的黑线不同步,如 1960—1970 年间实测值的黑线呈大"N"形,而 BMA 对应的蓝色线条呈小"v"形,说明 BMA 虽然可以对多模式下的 IPCC 降雨数据进行校正处理,但是拟合效果还需提高,而 C-Vine 对应的红线和 D-Vine 对应的绿线总体上基本重合,并且红、绿两条线整体的线形波动更贴近实测系列的黑线,进一步证实了根据评价指标统计分析得到的结论是正确的,因此,本次研究用于推求水文设计值的未来降雨因子采用基于 C-Vine Coupla 校正技术 IPCC 预估降雨的校正处理数据,见图 3.9。

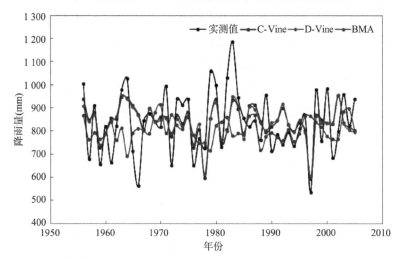

图 3.8　1956—2005 年实测降雨系列与 IPCC 历史模拟的校正处理系列图

注:本图彩图见附图 5。

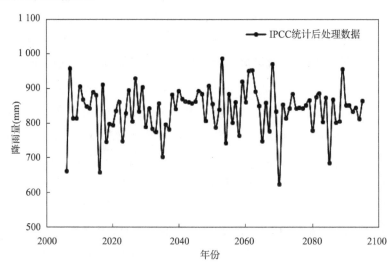

图 3.9　2006—2095 年基于 C-Vine Copula 技术的 IPCC 预估降雨校正处理系列图

如图 3.9 所示,根据资料可获得 28 种模式下的 IPCC 未来最长降雨预估系列到 2095 年,而实测数据系列长度为 1956—2005 年,因此采用 C-Vine Copula 校正技术对 28 种模式下的 IPCC 预估数据进行校正处理,其中 2006—2095 年长度的预报校正结果即为本次研究用于水文设计值推求的未来降雨因子协变量。

3.7 小结

为了描述非一致性多变量联合分布规律在未来时期的演变特征,需要利用未来时期的降雨数据。IPCC 拥有较多模式的未来长期预估降雨数据,本书采用了 IPCC 提供的 28 个模式的预估降雨数据。由于不同模式预估数据存在误差及不确定性,为此需要对模式提供的数据进行校正,这是本章的主要研究内容。

为提高数据处理效率避免数据灾难,采用泰勒图指标优选了 6 种最优 GCMs 模式,分别采用贝叶斯模型平均(BMA)技术、C-Vine Copula 及 D-Vine Copula 函数方法对模式预估数据进行校正后处理,并对各种方法的校正效果进行了对比分析。黄龙滩水库上游控制流域的应用结果表明,C-Vine Copula 方法的校正效果最好,而 BMA 方法的校正效果最差。

第四章

非一致性条件下多变量联合
分布模型构建

本章基于时变 Copula 函数构建非一致性条件下多变量动态联合分布模型，描述非一致性条件下多变量联合分布规律的演变特征。非一致性多变量联合分布模型构建中涉及边缘分布非一致性及变量间相关结构非一致性的描述问题。前者本质是单变量非一致性频率分析问题，本章将采用基于皮尔逊三型分布（P-Ⅲ）和广义极值分布（GEV）的变参数概率分布函数模型进行描述。通过建立 P-Ⅲ 和 GEV 函数中参数与时间或降雨等协变量的驱动关系来描述环境变化对极值分布规律的非一致性影响。对于变量间相关结构的非一致性问题，本章将采用 3 种不同的 Copula 函数（Clayton、Frank 和 Gumbel）连接各非一致性边缘分布，通过建立 Copula 结构参数与协变量间的驱动关系来刻画相关结构的非一致性。鉴于模型涉及的参数较多，将采用贝叶斯方法并结合马尔科夫链蒙特卡洛方法进行参数估计，并对不同动态联合分布模型的拟合效果进行评估以确定最优模型。

4.1 多变量动态 Copula 联合分布模型

多维极值分布函数 Copula 是目前研究多变量间联合分布特性的主流方法，其将多变量的联合分布拆解为单变量的边缘分布和变量间相关结构两部分。在本章中，首先介绍一致性条件下 Copula 理论相关内容，在此基础上，进一步研究非一致性条件下的多变量动态联合分布模型构建涉及的关键问题[174]。

4.1.1 Copula 基本理论

Copula 函数为定义在[0,1]上均匀分布的联合分布函数，二维即两变量的 Copula 函数表达式为

$$F(x,y) = C(F_X(x), F_Y(y), \theta) = C(u, v, \theta) \tag{4.1}$$

式中，C 代表 Copula 函数；θ 代表 Copula 函数参数；$u = F_X(x)$ 是随机变量 X 的边缘分布。$v = F_Y(y)$ 是随机变量 Y 的边缘分布。则联合概率密度函数公式如下：

$$f(x,y) = c(u, v, \theta) f_X(x) f_Y(y) \tag{4.2}$$

式中，$c(u, v, \theta)$ 是 Copula 的概率密度函数；$f_X(x)$ 是随机变量 X 的概率密度函数；$f_Y(y)$ 是变量 Y 的密度函数。

其中一个特殊的 Copulas 子类,称为阿基米德,具有许多有用的性质,在本书中发挥了重要作用。阿基米德 Copulas 提供了一系列模型[179],这些模型在变量之间所诱导的关联的性质和强度方面都是通用的。

假设 $\gamma: \mathbb{I} \rightarrow [0, +\infty]$,并且 γ 是连续且严格递减的,有 $\gamma(1) = 0$,γ^{-1} 是 γ 的普通逆,γ 的伪逆是方程 $\gamma^{[-1]}: [0, +\infty] \rightarrow \mathbb{I}$:

$$\gamma^{[-1]}(t) = \begin{cases} \gamma^{-1}(t), & 0 \leqslant t \leqslant \gamma(0) \\ 0, & \gamma(0) \leqslant t \leqslant +\infty \end{cases} \tag{4.3}$$

其中,$\gamma^{[-1]}$ 在 $[0, +\infty]$ 连续且非递增,而在 $[0, \gamma(0)]$ 上严格递减。

$$\gamma(\gamma^{[-1]}(t)) = \min\{t, \gamma(0)\} \tag{4.4}$$

很显然,如果 $\gamma(0) = +\infty$,则有 $\gamma^{[-1]} = \gamma^{-1}$,那么,阿基米德 Copula 的定义如下:

$$C(u, v) = \gamma^{[-1]}(\gamma(u) + \gamma(v)) \tag{4.5}$$

当且仅当 γ 是凸面时,C 是二维阿基米德 Copula,并且具备以下几点性质。

①对于所有 $u, v \in \mathbb{I}$,C 是对称的:

$$C(u, v) = C(v, u) \tag{4.6}$$

②对于所有 $u, v, \omega \in \mathbb{I}$,$C$ 是关联的:

$$C(C(u, v), \omega) = C(u, C(v, \omega)) \tag{4.7}$$

③如果 γ 生成了 C,那么也有 $\gamma' = c\gamma$ 生成了 C,其中 c 是正常数;

④对于所有的 $t \in (0, 1)$,C 的对角部分 δ_C 满足 $\delta_C(t) < t$。

本书选择了 3 种常见的二维阿基米德 Copula 函数进行模型构建。

①当 $\gamma(t) = (-\ln t)^\theta$ 时,有 Gumbel Copula 密度函数表达式如下:

$$C(u, v, \theta) = \exp\{-[(-\ln u)^{\frac{1}{\theta}} + (-\ln v)^{\frac{1}{\theta}}]^\theta\} \tag{4.8}$$

其中,$0 < \theta \leqslant 1$,结构参数 θ 的大小影响了随机变量 u、v 之间的相关程度,与 Kendall 秩相关系数 τ 存在如下关系:

$$\tau = 1 - \theta \tag{4.9}$$

②当 $\gamma(t)=\dfrac{1}{\theta}(t^{-\theta}-1)$ 时,有 Clayton Copula 密度函数表达式如下:

$$C(u,v,\theta)=(u^{\theta}+v^{\theta}-1)^{-\frac{1}{\theta}} \tag{4.10}$$

其中,$\theta>0$,此时结构参数 θ 与 Kendall 秩相关系数 τ 之间的关系如下:

$$\tau=\theta/(\theta+2) \tag{4.11}$$

③当 $\gamma(t)=-\ln\dfrac{\mathrm{e}^{-\theta t}-1}{\mathrm{e}^{-\theta}-1}$ 时,有 Frank Copula 密度函数表达式如下:

$$C(u,v,\theta)=-\frac{1}{\theta}\ln\left(1+\frac{(\mathrm{e}^{-\theta u}-1)(\mathrm{e}^{-\theta v}-1)}{\mathrm{e}^{-\theta}-1}\right) \tag{4.12}$$

其中,$\theta\in R\backslash\{0\}$,此时与 Kendall 秩相关系数 τ 之间关系如下:

$$\tau=1+\frac{4}{\theta}[D_k(\theta)-1] \tag{4.13}$$

其中,$D_k(\theta)=\dfrac{k}{\theta^k}\displaystyle\int_0^k\frac{t^k}{\mathrm{e}^t-1}\mathrm{d}t$,k 取值为 1。

一般可以用尾部相关性来衡量随机变量 X、Y 之间的尾部相关性,即当随机变量 X 大幅增加(减小)时,随机变量 Y 也相应地大幅增加(减小)的概率,则有尾部相关性定义如下。

假设有随机变量 X、Y,对应边缘分布为 u、v,则有随机变量 X、Y 的上端尾部相关性 λ_u 和下端尾部相关性 λ_d 表达式如下。

$$\lambda_u=\lim_{t\to 1^-}{}^P[Y>v^{-1}(t)\,|\,X>u^{-1}(t)] \tag{4.14}$$

$$\lambda_d=\lim_{t\to 0^+}{}^P[Y\leqslant v^{-1}(t)\,|\,X\leqslant u^{-1}(t)] \tag{4.15}$$

当 λ_u(或者 λ_d)$\in(0,1]$,则有随机变量 X、Y 具有渐近上端(或者渐近下端)的尾部相关性;当 λ_u(或者 λ_d)$=0$ 时,则有随机变量 X、Y 在上尾部(或下尾部)渐近独立。

对于上述二维阿基米德 Copula 函数而言,不同函数类型对应的尾部相关性各不相同,Gumbel 和 Clayton 这两类函数具有非对称性,通常用来描述变量间非对称相关的情形,其中 Gumbel 函数适用于随机变量之间具有较高的上尾部相关性的情形,相反 Clayton 函数则适用于随机变量之间具有较高的下尾部相关性的情形,而 Frank 函数更多适用于随机变量之间的上、下尾部相关性对称增长的情形。

常用 Kendall 的 tau 系数 τ 和 Spearman 系数 ρ 来表示变量间的秩相关性,定义如下:

假设 (x_i, y_i) 和 (x_j, y_j) 是来自随机变量 X、Y 的观测值,如果满足 $x_i < x_j$ 且 $y_i < y_j$(或者 $x_i > x_j$ 且 $y_i > y_j$),则此时观测值 (x_i, y_i) 和 (x_j, y_j) 具有一致性;如果满足 $x_i < x_j$ 且 $y_i > y_j$(或者 $x_i > x_j$ 且 $y_i < y_j$),则此时观测值 (x_i, y_i) 和 (x_j, y_j) 具有非一致性。对于 $\{(x_1, y_1), \cdots, (x_n, y_n)\}$ 的观测系列,有 $\binom{2}{n}$ 对不同数据组 $\{(x_i, y_i), (x_j, y_j)\}$,用 a 表示具有一致性观测值的对数,用 b 表示具有非一致性观测值的对数,且 $a + b = \binom{2}{n}$,则有 τ 的表达式如下:

$$\tau(X, Y) = \frac{a - b}{a + b} = (a - b) / \binom{2}{n} \tag{4.16}$$

由式(4.16)可知,系数 τ 可定义为样本观测值 $\{(x_i, y_i), (x_j, y_j)\}$,具有一致性的对数与具有非一致性对数的概率差。假设 (X_1, Y_1) 和 (X_2, Y_2) 是来自独立同分布的随机变量,则系数 τ 可表示为

$$\tau(X, Y) = P[(X_1 - X_2)(Y_1 - Y_2) > 0] - P[(X_1 - X_2)(Y_1 - Y_2) < 0] \tag{4.17}$$

用系数 τ 表示 Copula 变量间的相关性,则有表达式如下:

$$\tau(X, Y) = 4 \int_0^1 \int_0^1 C_2(u, v) \, \mathrm{d}C_1(u, v) - 1 \tag{4.18}$$

4.1.2 单变量变参数边缘分布模型构建

世界范围内,在水文频率分析中应用的分布函数线型众多,如皮尔逊三型分布函数(P-Ⅲ)、广义极值分布(GEV)函数、对数皮尔逊三型分布、对数 Logistic 分布等。本研究中将采用我国水文频率分析中推荐的 P-Ⅲ 分布函数和目前在

极值分布研究中常用的 GEV 分布。并在此基础上，通过假定分布函数中的参数随时间等协变量的变化而变化，构建了 12 个变参数概率分布函数模型和 2 个平稳性概率分布函数模型。

P-Ⅲ分布函数是我国洪水设计规范中推荐使用的分布函数，其概率密度函数公式如下：

$$f(x) = \frac{\beta^\gamma}{\Gamma(\gamma)}(x-\alpha)^{\gamma-1}\mathrm{e}^{-\beta(x-\alpha)}, \alpha \geqslant 0, \beta > 0, \gamma > 0 \qquad (4.19)$$

其中，α、β 和 γ 分别代表上述 P-Ⅲ分布中的位置、尺度及形状参数，并且其总体统计特征向量——期望值 E_x、变差系数 C_v 和偏态系数 C_s 的计算公式如下：

$$\alpha = E(X)\left(1 - \frac{2C_v}{C_s}\right) \qquad (4.20)$$

$$\beta = \frac{2}{E_x C_v C_s} \qquad (4.21)$$

$$\gamma = \frac{4}{C_s^2} \qquad (4.22)$$

本书选用的 P-Ⅲ频率曲线属于皮尔逊曲线组其中的一种，其特点是曲线的上端不封顶、下端有界。且当 $C_s/C_v < 2$ 时，变量下限 $\alpha < 0$，这与实际情况中曲线和洪水极值序列值必须不小于 0 的事实相矛盾，所以在对曲线参数进行估计计算的时候，要注意避免这种不符合实际情况的结果出现。

广义极值分布（GEV）[175]是对降雨的极值分布拟合效果很好的一种函数模型，通常选用 Weibull、Frechet 及 Gumbel 等 3 种函数进行对象的概率分布拟合，优点是综合了多种模型以弥补单一分布函数在拟合时的局限性，表达式如下：

$$F(x) = \begin{cases} \exp\left\{-\left[1 - K\left(\frac{x-\xi}{\mu}\right)\right]^{1/K}\right\}, K \neq 0 \\ \exp\left\{-\exp\left(-\frac{x-\xi}{\mu}\right)\right\}, K = 0 \end{cases} \qquad (4.23)$$

其中，ξ、μ 及 K 分别代表 GEV 分布中的位置参数、尺度参数和形状参数。并且当 $K < 0$ 时，即为 Weibull 分布且有下限为 $\xi + \frac{\mu}{K}$；当 $K > 0$ 时，即为 Frechet

分布且有上限为 $\xi+\dfrac{\mu}{K}$；当 $K=0$ 时，分布即为 Gumbel 分布。

本书假设模型中参数与协变量（时间因子或者降雨因子）间存在线性关系，通过这些协变量因子的变化来驱动分布函数中参数的改变，以此达到描述环境变化对单变量水文系列影响的目的。由于 P-Ⅲ分布和 GEV 分布均对应存在位置参数、尺度参数以及形状参数，结合实际影响考虑，本书构建的 12 个变参数概率分布函数模型和 2 个平稳性概率分布函数模型如下。

模型 1：P-Ⅲ分布的位置参数 α、尺度参数 β 和形状参数 γ 为常数，均未随协变量变化，模型记为 P-Sta，参数表达式为

$$\alpha=\alpha_0, \beta=\exp(\beta_0), \gamma=\gamma_0$$

模型 2：P-Ⅲ分布的位置参数 α 随时间因子线性变化，尺度参数 β 和形状参数 γ 为常数，均未随协变量变化，模型记为 P-LocT，参数表达式为

$$\alpha=\alpha_0+\alpha_1 t, \beta=\exp(\beta_0), \gamma=\gamma_0$$

模型 3：P-Ⅲ分布的位置参数 α 和尺度参数 β 随时间因子线性变化，形状参数 γ 为常数，未随协变量变化，模型记为 P-LocT-SclT，参数表达式为

$$\alpha=\alpha_0+\alpha_1 t, \beta=\exp(\beta_0+\beta_1 t), \gamma=\gamma_0$$

模型 4：P-Ⅲ分布的位置参数 α 随降雨因子线性变化，尺度参数 β 和形状参数 γ 为常数，均未随协变量变化，模型记为 P-LocP，参数表达式为

$$\alpha=\alpha_0+\alpha_1 p, \beta=\exp(\beta_0), \gamma=\gamma_0$$

模型 5：P-Ⅲ分布的位置参数 α 和尺度参数 β 随降雨因子线性变化，形状参数 γ 为常数，未随协变量变化，模型记为 P-LocP-SclP，参数表达式为

$$\alpha=\alpha_0+\alpha_1 p, \beta=\exp(\beta_0+\beta_1 p), \gamma=\gamma_0$$

模型 6：P-Ⅲ分布的位置参数 α 随时间因子线性变化，尺度参数 β 随降雨因子线性变化，且形状参数 γ 为常数，未随协变量变化，模型记为 P-LocT-SclP，参数表达式为

$$\alpha=\alpha_0+\alpha_1 t, \beta=\exp(\beta_0+\beta_1 p), \gamma=\gamma_0$$

模型 7：P-Ⅲ分布的位置参数 α 随降雨因子线性变化，尺度参数 β 随时间因

子线性变化,且形状参数 γ 为常数,未随协变量变化,模型记为 P - LocP - SclT,参数表达式为

$$\alpha = \alpha_0 + \alpha_1 p , \beta = \exp(\beta_0 + \beta_1 t) , \gamma = \gamma_0$$

模型 8:GEV 分布的位置参数 ξ、尺度参数 μ 和形状参数 K 为常数,均未随协变量变化,模型记为 G - Sta,参数表达式为

$$\xi = \xi_0 , \mu = \exp(\mu_0) , K = K_0$$

模型 9:GEV 分布的位置参数 ξ 随时间因子线性变化,尺度参数 μ 和形状参数 K 为常数,均未随协变量变化,模型记为 G - LocT,参数表达式为

$$\xi = \xi_0 + \xi_1 t , \mu = \exp(\mu_0) , K = K_0$$

模型 10:GEV 分布的位置参数 ξ 和尺度参数 μ 均随时间因子线性变化,形状参数 K 为常数,未随协变量变化,模型记为 G - LocT - SclT,参数表达式为

$$\xi = \xi_0 + \xi_1 t , \mu = \exp(\mu_0 + \mu_1 t) , K = K_0$$

模型 11:GEV 分布的位置参数 ξ 随降雨因子线性变化,尺度参数 μ 和形状参数 K 为常数,均未随协变量变化,模型记为 G - LocP,参数表达式为

$$\xi = \xi_0 + \xi_1 p , \mu = \exp(\mu_0) , K = K_0$$

模型 12:GEV 分布的位置参数 ξ 和尺度参数 μ 均随降雨因子线性变化,形状参数 K 为常数,未随协变量变化,模型记为 G - LocP - SclP,参数表达式为

$$\xi = \xi_0 + \xi_1 p , \mu = \exp(\mu_0 + \mu_1 p) , K = K_0$$

模型 13:GEV 分布的位置参数 ξ 随时间因子线性变化,尺度参数 μ 随降雨因子线性变化,且形状参数 K 为常数,随协变量变化,模型记为 G - LocT - SclP,参数表达式为

$$\xi = \xi_0 + \xi_1 t , \mu = \exp(\mu_0 + \mu_1 p) , K = K_0$$

模型 14:GEV 分布的位置参数 ξ 随降雨因子线性变化,尺度参数 μ 随时间因子线性变化,且形状参数 K 为常数,随协变量变化,模型记为 G - LocP - SclT,参数表达式为

$$\xi = \xi_0 + \xi_1 p, \mu = \exp(\mu_0 + \mu_1 t), K = K_0$$

构建的 14 个分布函数模型信息见表 4.1 所示。

表 4.1　单变量变参数分布模型汇总

编号	模型名称	位置参数	尺度参数	形状参数
1	P - Sta	$\alpha = \alpha_0$	$\beta = \exp(\beta_0)$	$\gamma = \gamma_0$
2	P - LocT	$\alpha = \alpha_0 + \alpha_1 t$	$\beta = \exp(\beta_0)$	$\gamma = \gamma_0$
3	P - LocT - SclT	$\alpha = \alpha_0 + \alpha_1 t$	$\beta = \exp(\beta_0 + \beta_1 t)$	$\gamma = \gamma_0$
4	P - LocP	$\alpha = \alpha_0 + \alpha_1 p$	$\beta = \exp(\beta_0)$	$\gamma = \gamma_0$
5	P - LocP - SclP	$\alpha = \alpha_0 + \alpha_1 p$	$\beta = \exp(\beta_0 + \beta_1 p)$	$\gamma = \gamma_0$
6	P - LocT - SclP	$\alpha = \alpha_0 + \alpha_1 t$	$\beta = \exp(\beta_0 + \beta_1 p)$	$\gamma = \gamma_0$
7	P - LocP - SclT	$\alpha = \alpha_0 + \alpha_1 p$	$\beta = \exp(\beta_0 + \beta_1 t)$	$\gamma = \gamma_0$
8	G - Sta	$\xi = \xi_0$	$\mu = \exp(\mu_0)$	$K = K_0$
9	G - LocT	$\xi = \xi_0 + \xi_1 t$	$\mu = \exp(\mu_0)$	$K = K_0$
10	G - LocT - SclT	$\xi = \xi_0 + \xi_1 t$	$\mu = \exp(\mu_0 + \mu_1 t)$	$K = K_0$
11	G - LocP	$\xi = \xi_0 + \xi_1 p$	$\mu = \exp(\mu_0)$	$K = K_0$
12	G - LocP - SclP	$\xi = \xi_0 + \xi_1 p$	$\mu = \exp(\mu_0 + \mu_1 p)$	$K = K_0$
13	G - LocT - SclP	$\xi = \xi_0 + \xi_1 t$	$\mu = \exp(\mu_0 + \mu_1 p)$	$K = K_0$
14	G - LocP - SclT	$\xi = \xi_0 + \xi_1 p$	$\mu = \exp(\mu_0 + \mu_1 t)$	$K = K_0$

4.1.3　动态 Copula 相关结构

非一致性条件下多变量的水文频率分析中,不仅需要考虑各个变量的变参数边缘分布函数,还需要考虑变量间相依结构的非一致性。在 4.1.2 节已经介绍了非一致性单变量变参数边缘分布函数的构建,并且根据不同条件情形构建了 14 种单变量概率分布函数模型。后文将采用 *AIC* 或 *BIC* 准则对构建的多个单变量变参数概率分布函数模型进行优选,具体方法见 4.3 节。而对于变量间相关结构非一致性的描述,将通过 Copula 函数模型中结构参数的时变特征来体现,即通过假定 Copula 函数中结构参数随协变量变化进而描述环境变化对变量间相关结构的影响。

Patton 早在 2001 年对时变 Copula 模型进行了研究,他提出了可以利用类似于 AEMA(1,10)的一个过程进行二元正态 Copula 函数中相关参数的描述。此外,基于 Clayton Copula 函数参数和尾部相关系数存在一一对应关系这种特性,可以通过构造尾部的相关系数的动态演变来确定 Clayton Copula 函数相关参数的演变方程,根据式(4.16)可知,Copula 函数结构参数 θ 与 Kendall 秩相关性系数 τ 间存在一一对应的关系。以 Clayton Copula 为例,其对应的 Kendall 秩相关性系数 τ 为 $\theta/(\theta+2)$。因此,利用这个特性,本书通过假设 Copula 函数结构参数 θ 与时间因子间的线性关系构造 Copula 函数相关参数的演变方程,以此来刻画环境的变化对变量系列间相关结构的影响,二维动态 Copula 函数表达式如下:

$$F_t(x,y)=C(F_X(x),F_Y(y),\theta(\bullet))=C(u,v,\theta(t)) \qquad (4.24)$$

其中,$F_t(x,y)$ 表示变量 X 和 Y 的动态联合分布函数;$C(F_X(x),F_Y(y),\theta(t))$ 表示由协变量因子驱动变化的动态 Copula 函数,则动态 Copula 联合概率密度函数可写成:

$$f_t(x,y)=c(u,v,\theta(t))f_{X,t}(x)f_{Y,t}(y) \qquad (4.25)$$

式中,$c(u,v,\theta(t))$ 是动态 Copula 的概率密度函数,其余不变。

基于优选出的单变量变参数边缘分布模型 $F_t(x)$ 和 $F_t(y)$,根据多变量模型参数与协变量间的关系,本书构建了 6 种非一致性多变量动态联合分布模型,模型信息如下。

多变量模型 1:变量系列间相关结构选用动态 Clayton Copula 函数,其中,Copula 参数 θ 为常数,未随协变量发生变化,简记模型 1 为 ClaytonS,则有多变量联合分布及联合密度函数表达式如下:

$$\theta(\bullet)=\theta_0$$

$$u=F_t(x)=\int f_t(x)\mathrm{d}x$$

$$v=F_t(y)=\int f_t(y)\mathrm{d}y$$

$$F_{\text{ClaytonS}}(x,y) = (u^{-\theta(\cdot)} + v^{-\theta(\cdot)} - 1)^{-\frac{1}{\theta(\cdot)}}$$

$$f_{\text{ClaytonS}}(x,y) = (1 + \theta(\cdot))(uv)^{-\theta(\cdot)-1}(u^{-\theta(\cdot)} + v^{-\theta(\cdot)} - 1)^{-2-1/\theta(\cdot)} f_X(x) f_Y(y)$$

多变量模型 2：变量系列间相关结构选用动态 Clayton Copula 函数，其中，Copula 参数 θ 与时间因子 t 呈线性关系，简记模型 2 为 ClaytonT，则有多变量联合分布及联合密度函数表达式如下：

$$\theta(\cdot) = \theta_0 + \theta_1 t$$

$$u = F_t(x) = \int f_t(x) \mathrm{d}x$$

$$v = F_t(y) = \int f_t(y) \mathrm{d}y$$

$$F_{\text{ClaytonT}}(x,y) = (u^{-\theta(\cdot)} + v^{-\theta(\cdot)} - 1)^{-\frac{1}{\theta(\cdot)}}$$

$$f_{\text{ClaytonT}}(x,y) = (1 + \theta(\cdot))(uv)^{-\theta(\cdot)-1}(u^{-\theta(\cdot)} + v^{-\theta(\cdot)} - 1)^{-2-1/\theta(\cdot)} f_X(x) f_Y(y)$$

多变量模型 3：变量系列间相关结构选用动态 Frank Copula 函数，其中，Copula 参数 θ 为常数，未随协变量发生变化，简记模型 3 为 FrankS，则有多变量联合分布及联合密度函数表达式如下：

$$\theta(\cdot) = \theta_0$$

$$u = F_t(x) = \int f_t(x) \mathrm{d}x$$

$$v = F_t(y) = \int f_t(y) \mathrm{d}y$$

$$F_{\text{FrankS}}(x,y) = -\frac{1}{\theta(\cdot)} \ln\left(1 + \frac{(\mathrm{e}^{-\theta(\cdot)u} - 1)(\mathrm{e}^{-\theta(\cdot)v} - 1)}{\mathrm{e}^{-\theta(\cdot)} - 1}\right)$$

$$f_{\text{FrankS}}(x,y) = \frac{-\theta(\cdot)(\mathrm{e}^{-\theta(\cdot)} - 1)\mathrm{e}^{-\theta(\cdot)(u+v)}}{[(\mathrm{e}^{-\theta(\cdot)} - 1) + (\mathrm{e}^{-\theta(\cdot)u} - 1)(\mathrm{e}^{-\theta(\cdot)v} - 1)]^2} f_X(x) f_Y(y)$$

多变量模型 4：变量系列间相关结构选用动态 Frank Copula 函数，其中，Copula 参数 θ 与时间因子 t 呈线性关系，简记模型 4 为 FrankT，则有多变量联合分布及联合密度函数表达式如下：

$$\theta(\bullet) = \theta_0 + \theta_1 t$$

$$u = F_t(x) = \int f_t(x)\mathrm{d}x$$

$$v = F_t(y) = \int f_t(y)\mathrm{d}y$$

$$F_{\mathrm{FrankT}}(x,y) = -\frac{1}{\theta(\bullet)}\ln\left(1 + \frac{(\mathrm{e}^{-\theta(\bullet)u}-1)(\mathrm{e}^{-\theta(\bullet)v}-1)}{\mathrm{e}^{-\theta(\bullet)}-1}\right)$$

$$f_{\mathrm{FrankT}}(x,y) = \frac{-\theta(\bullet)(\mathrm{e}^{-\theta(\bullet)}-1)\mathrm{e}^{-\theta(\bullet)(u+v)}}{\left[(\mathrm{e}^{-\theta(\bullet)}-1)+(\mathrm{e}^{-\theta(\bullet)u}-1)(\mathrm{e}^{-\theta(\bullet)v}-1)\right]^2}f_X(x)f_Y(y)$$

多变量模型 5：变量系列间相关结构选用动态 Gumbel Copula 函数，其中，Copula 参数 θ 为常数，未随协变量发生变化，简记模型 5 为 GumbelS，则有多变量联合分布及联合密度函数表达式如下：

$$\theta(\bullet) = \theta_0$$

$$u = F_t(x) = \int f_t(x)\mathrm{d}x$$

$$v = F_t(y) = \int f_t(y)\mathrm{d}y$$

$$F_{\mathrm{GumbelS}}(x,y) = \exp\left\{-\left[(-\ln u)^{\frac{1}{\theta(\bullet)}}+(-\ln v)^{\frac{1}{\theta(\bullet)}}\right]^{\theta(\bullet)}\right\}$$

$$f_{\mathrm{GumbelS}}(x,y) = \frac{\exp\left\{-\left[(-\ln u)^{\frac{1}{\theta(\bullet)}}+(-\ln v)^{\frac{1}{\theta(\bullet)}}\right]^{\theta(\bullet)}\right\}(\ln u \cdot \ln v)^{\frac{1}{\theta(\bullet)}-1}}{uv\left[(-\ln u)^{\frac{1}{\theta(\bullet)}}+(-\ln v)^{\frac{1}{\theta(\bullet)}}\right]^{2-\theta(\bullet)}} \cdot$$

$$\left\{-\left[(-\ln u)^{\frac{1}{\theta(\bullet)}}+(-\ln v)^{\frac{1}{\theta(\bullet)}}\right]^{\theta(\bullet)}+\frac{1}{\theta(\bullet)}-1\right\}$$

多变量模型 6：变量系列间相关结构选用动态 Gumbel Copula 函数，其中，Copula 参数 θ 与时间因子 t 呈线性关系，简记模型 6 为 GumbelT，则有多变量联合分布及联合密度函数表达式如下：

$$\theta(\bullet) = \theta_0 + \theta_1 t$$

$$u = F_t(x) = \int f_t(x)\mathrm{d}x$$

$$v = F_t(y) = \int f_t(y)\mathrm{d}y$$

$$F_{\mathrm{GumbelT}}(x,y) = \exp\left\{-\left[(-\ln u)^{\frac{1}{\theta(\cdot)}} + (-\ln v)^{\frac{1}{\theta(\cdot)}}\right]^{\theta(\cdot)}\right\}$$

$$f_{\mathrm{GumbelT}}(x,y) = \frac{\exp\left\{-\left[(-\ln u)^{\frac{1}{\theta(\cdot)}} + (-\ln v)^{\frac{1}{\theta(\cdot)}}\right]^{\theta(\cdot)}\right\}(\ln u \cdot \ln v)^{\frac{1}{\theta(\cdot)}-1}}{uv\left[(-\ln u)^{\frac{1}{\theta(\cdot)}} + (-\ln v)^{\frac{1}{\theta(\cdot)}}\right]^{2-\theta(\cdot)}} \cdot$$

$$\left\{-\left[(-\ln u)^{\frac{1}{\theta(\cdot)}} + (-\ln v)^{\frac{1}{\theta(\cdot)}}\right]^{\theta(\cdot)} + \frac{1}{\theta(\cdot)} - 1\right\}$$

为方便参考,将所构建的 6 个多变量动态联合分布模型进行整理,见表 4.2。

表 4.2　多变量动态联合分布模型汇总

编号	模型简称	结构参数	多变量联合分布
1	ClaytonS	$\theta(\cdot) = \theta_0$	$F_t(x,y) = C_{\mathrm{Clayton}}(u,v,\theta(\cdot))$
2	ClaytonT	$\theta(\cdot) = \theta_0 + \theta_1 t$	$F_t(x,y) = C_{\mathrm{Clayton}}(u,v,\theta(\cdot))$
3	FrankS	$\theta(\cdot) = \theta_0$	$F_t(x,y) = C_{\mathrm{Frank}}(u,v,\theta(\cdot))$
4	FrankT	$\theta(\cdot) = \theta_0 + \theta_1 t$	$F_t(x,y) = C_{\mathrm{Frank}}(u,v,\theta(\cdot))$
5	GumbelS	$\theta(\cdot) = \theta_0$	$F_t(x,y) = C_{\mathrm{Gumbel}}(u,v,\theta(\cdot))$
6	GumbelT	$\theta(\cdot) = \theta_0 + \theta_1 t$	$F_t(x,y) = C_{\mathrm{Gumbel}}(u,v,\theta(\cdot))$

4.2　模型参数估计方法

对于上述构建的多变量联合分布模型,需要对模型中涉及的参数进行估计,考虑到多变量模型参数众多,不仅涉及了边缘分布(P-Ⅲ分布和 GEV 分布)中的参数估算,同时也需要进行动态 Copula 函数结构参数的估计,参数估计难度较强且具有较强不确定性,为此,将采用贝叶斯统计法[176]进行参数的估计。

贝叶斯理论的基本观点是对任意的未知变量 θ,都可以将其看作是随机变量,并可用概率分布函数来对其进行描述,即先验分布。一直以来,关于 θ 是否是随机变量的认知是贝叶斯学派和经典统计学派间争论的焦点,经典学派坚持

认为分布参数 θ 应是常数。先验分布一般可通过历史资源和经验获得[177]，是人类在获得样本之前对分布参数 θ 的统计推断。

贝叶斯体系下，样本的产生有两个步骤：假设样本系列为 $X = \{x_1, x_2, \cdots, x_n\}$，分布参数 θ 的先验分布为 $\pi(\theta)$，(1)首先从 $\pi(\theta)$ 中随机产生一个值，记为 $\hat{\theta}$，这步操作是"老天"进行的，我们看不到也无法控制；(2)再从总体分布 $f(x|\hat{\theta})$ 里产生一组样本 X，即我们通常认知的观测系列[178]。因此，样本系列 X 的产生与参数的先验分布 $\pi(\theta)$ 及给定了 $\hat{\theta}$ 以后总体条件分布 $f(x|\hat{\theta})$ 有关。因此，样本系列 X 和 θ 的联合分布就可以综合反映出参数先验信息、样本信息以及总体信息，表达式如下：

$$f(x,\theta) = f(x|\theta)\pi(\theta) \tag{4.26}$$

其中，$f(x|\theta)$ 为似然函数，反映了样本和总体信息，具体表示如下：

$$f(x|\theta) = \prod_{i=1}^{n} f(x_i|\theta) \tag{4.27}$$

从式(4.27)中可以发现，当 θ 已知时，$f(x|\theta)$ 为样本系列 X 的联合分布函数；而当样本系列 X 的观测值已知时，则 $f(x|\theta)$ 此时是参数 θ 的函数，即似然函数。

当获得了样本系列 X 后，需要根据式(4.26)对参数 θ 进行推断，为此可先将式(4.26)进一步改写成：

$$f(x,\theta) = f(x|\theta)\pi(\theta) = f(\theta|x)f(x) \tag{4.28}$$

其中，$f(x)$ 是样本系列 X 的边缘密度函数，即：

$$f(x) = \int f(x,\theta)\mathrm{d}\theta = f(x|\theta)\pi(\theta) \tag{4.29}$$

参数的后验分布可表示为

$$f(\theta|x) = \frac{f(x|\theta)\pi(\theta)}{f(x)} = \frac{f(x|\theta)\pi(\theta)}{\int f(x|\theta)\pi(\theta)\mathrm{d}\theta} \tag{4.30}$$

从式(4.30)中可以发现，后验分布 $f(\theta|x)$ 包涵了样本、先验以及总体信息在内的和 θ 有关的所有信息，且剔除了所有和 θ 无关的信息。因此，在参数后验

分布 $f(\theta|x)$ 的基础上对参数 θ 进行的统计推断将更为合理、有效。

若参数 θ 为离散型随机变量,则可用先验分布数列 $\pi(\theta_i)$ $(i=1,2,\cdots,k)$ 表示,此时参数的后验分布可写成离散型公式:

$$\pi(\theta_i|x) = \frac{f(x|\theta_i)\pi(\theta_i)}{\sum_{j=1}^{k} f(x|\theta_i)\pi(\theta_i)} \tag{4.31}$$

然而在实际应用贝叶斯方法的过程中,常常遇到参数的后验分布形式过于复杂导致在求解过程中因高维度而无法求解的情况,因此,通常采用 MCMC 方法联合后验分布进行大量采样,再对采样样本进行分析统计,从而近似地获得了参数的统计特征作为解析解。目前,常见的 MCMC 抽样方法有 Gibbs 抽样算法、Metropolis-Hasting 抽样算法以及 Adaptive Metropolis(AM)抽样算法。鉴于本章所构建多变量模型所需求解的参数较多,而 AM 抽样法对高纬度参数空间抽样时的效率更高,因此选用 AM 抽样方法进行模型参数估计。

AM 抽样方法是 Haario[179] 在 2001 年提出的一种基于 MCMC 算法改进的抽样方法,该算法最大的特点是显著提高了 Metropolis-Hasting 算法对高纬度参数空间抽样时的效率。一般采用 AM 算法时,常选用多维正态分布,并且计算分布的初始协方差可根据先验信息来确定。而当抽样时,可以利用马尔科夫链中的历史信息对分布的协方差矩阵进行自适应(如乘一个系数等方法)调整。AM 法的基本抽样流程如下。

给定一分布函数 $f(\theta)$,首选赋予参数 θ 一个初始值 θ_0 和协方差矩阵的初始值 C_0,预热长度记为 N_0,多维高斯联合分布记为 q,其中 $t=0,1,\cdots,k$,迭代步骤如下:

①假定抽出的参数样本中第 j 个被接受的样本记为 θ_j,当进行第 $t+1$ 次抽样时,从提议分布 $q(\theta_j,C_0)$ 里随机地抽取一个参数样本,记为 θ_{t+1}^*;

②随机地从 $(0,1)$ 均匀分布里抽取一个数,记为 u_{t+1};

③参照上述 Metropolis-Hasting 算法对随机样本被接受的判断标准,见式(4.15);若抽取的随机样本被接受,则令 $\theta_{j+1}=\theta_{t+1}^*$;

④当 $j>N_0$ 时,即抽样预热结束,样本趋于稳定,此时需对协方差矩阵 C_0 进行自适应更新,方法如下:

$$C_i = \begin{cases} C_0, & i \leqslant N_0 \\ s(\text{Cov}(\theta_0, \theta_1, \cdots, \theta_j)) + s\varepsilon I_d, & i > N_0 \end{cases} \tag{4.32}$$

式中，s 为比例因子，与变量维度 d 有关，一般取 $2.4^2/d$；$\text{Cov}(\ )$ 为参数的协方差；ε 是一个极小的正数。为了确保矩阵 C_i 不发生奇异，I_d 是单位矩阵。

重复上述①~④迭代步骤，生成大量符合要求的参数样本，即可进行参数的统计分析。

需要注意的是，在统计分析时，必须判断抽样样本是否收敛。因此，通常选取不同的初始值来抽取多组平行的样本系列，以此来分析判别抽样样本系列的收敛性问题。Geman 和 Rubin 在 1992 年提出了方差比方法[180]，其被广泛应用于收敛性分析评估研究，基本思路如下。

假设选取了 m 个初始值，并抽样产生 m 条平行链，每条链的模拟长度均为 n，则方差比方法的判别指标 R 的计算公式为

$$B = \frac{1}{m-1} \sum_{i=1}^{m} (\mu_i - \bar{\mu}) \tag{4.33}$$

其中，μ_i 是第 i 条链的抽样样本系列均值；$\bar{\mu}$ 是 m 条链上所有样本的均值；B 是 m 条链上的样本均值之间的方差值。

$$\mu_i = \frac{1}{n} \sum_{t=1}^{n} \theta_{i,t}, \quad i = 1, 2, \cdots, m \tag{4.34}$$

$$\bar{\mu} = \frac{1}{m} \sum_{i=1}^{m} \mu_i \tag{4.35}$$

其中，$\theta_{i,t}$ 是第 i 条链上第 t 个随机抽样样本。

$$\omega = \frac{1}{m} \sum_{i=1}^{m} s_i^2 \tag{4.36}$$

其中，s_i 是第 i 条链上的样本方差；ω 体现了 m 条链上样本的整体变异水平。

$$s_i^2 = \frac{1}{n-1} \sum_{t=1}^{n} (\theta_{i,t} - \bar{\theta}_i)^2 \tag{4.37}$$

$$\eta = \frac{n-1}{n} \omega + \frac{(m+1)B}{nm} \tag{4.38}$$

$$R = \frac{\eta}{\omega} \tag{4.39}$$

当判别指标 R 接近 1 时,说明抽样方法符合收敛要求,但是在实际应用时,只要满足 $R < 1.1$,即可判定抽样算法收敛。

4.3 模型效果评价指标

在 4.1 节中,构建了 14 个单变量概率分布函数模型,不同模型的模拟效果各有差异,因此,需要选出一个拟合效果最优的模型作为最终采用的单变量边缘分布函数模型。本书采用赤池信息准则指标(AIC)、贝叶斯信息准则指标(BIC)对上述 14 个单变量边缘分布模型的拟合情况进行评估,筛选出各变量最优的分布模型。基于各变量最优的边缘分布模型,结合 3 种不同的 Copula 函数,构建了 6 种非一致性多变量动态联合分布模型,并采用偏差信息准则(DIC)进行模型优选,以确定最优的非一致性多变量动态联合分布模型。

(1)赤池信息准则

赤池信息准则最早由统计学家赤池弘次[181]发明并提出,在一定条件下 AIC 准则可等价于一个根据样本即可计算的准则:

$$AIC(k) = -2\ln\Big(\prod_{i=1}^{n} f(x_i \,|\, \theta)\Big) + 2k \tag{4.40}$$

式中,k 表示模型参数的个数;$\ln\Big(\prod_{i=1}^{n} f(x_i \,|\, \theta)\Big)$ 为 k 维参数空间下统计的极大似然估计 θ 代入对数似然函数的取值。

AIC 准则基于熵的概念,主要用于评价模型的复杂程度及该模型对数据的拟合度,是衡量比较统计模型拟合效果优劣的一种标准。模型参数越少,即模型越简单,则 AIC 越小;且若对数似然的数值越大,即模型精度越高,则 AIC 值也越小。反之亦然。因此,AIC 准则同时兼顾和反映了模型的简洁性及精确性,AIC 值越小所对应的模型越优。

(2)贝叶斯信息准则

上述 AIC 准则虽然可以同时评价模型的简洁性及精确性,但是只对于短系列模型的评价效果较好,如果时间序列增长,则相关信息会更分散,这意味着需要更复杂(更多自变量)的模拟模型才能获得较高精度的拟合效果。BIC 准

则[182-183]相对于 AIC 可更进一步考察参数个数变化对拟合情况的影响,计算公式如下:

$$BIC(k) = -2\ln\left(\prod_{i=1}^{n} f(x_i \mid \theta)\right) + k\ln(n) \tag{4.41}$$

其中,n 代表样本容量,评价方法和 AIC 准则相同,BIC 值越小所对应的模型越优。

（3）偏差信息准则

DIC 准则是由 Spiegelhalter 等[184]在 2002 年专门为贝叶斯理论框架下的模型筛选而设计提出的度量准则。其思想与 AIC、BIC 准则类似,可以看作是标准 AIC 准则的贝叶斯替代,不同的是 DIC 在迭代推求模型参数的过程中直接进行计算,避免了事先输入模型及参数个数,因此在处理高纬度参数空间时,可以提高计算效率。具体计算方法如下:

$$DIC = D(\bar{\beta}_s) + 2n_D \tag{4.42}$$

$$D(\beta_s) = -2\sum_{i=1}^{n} \log p(s_{t_i} \mid \beta_s) \tag{4.43}$$

其中,β_s 是模型参数;$D(\beta_s)$ 是偏差。

$$\bar{\beta}_s \cong \frac{1}{M-B}\sum_{m=1}^{M-B} \beta_s^{(m)} \tag{4.44}$$

式中,$\bar{\beta}_s = E(\beta_s \mid s_{t_1}, \cdots, s_{t_n})$ 是参数的后验均值,可用 MCMC 方法求其期望值近似代替;M 是迭代次数;B 是迭代的预热次数。

$$n_D = \bar{D} - D(\bar{\beta}_s) \tag{4.45}$$

式中,n_D 是模型的有效参数个数。

$$\bar{D} \cong \frac{1}{M-B}\sum_{m=1}^{M-B} D(\beta_s^{(m)}) \tag{4.46}$$

一般对于高纬度模型,$\bar{D} = E(D(\beta_s) \mid s_{t_1}, \cdots, s_{t_n})$ 不能精确求解,可用 MCMC 方法求其期望值近似代替。

DIC 和传统的优选指标一样,值越小就表示模型的拟合效果越好,一般最小的 DIC 值对应的模型即为最优模型。并且,当模型中出现负先验信息的时候,DIC 准则可看作是 AIC 准则。

4.4 应用示例

4.4.1 非一致性单变量边缘分布模型优选

根据 4.1.2 节中的阐述,针对 7 日洪量与洪峰系列,分别构建了 14 种边缘分布模型,其中降雨因子为 1956—2005 年 4—10 月的月平均降雨之和,这是由于洪峰和最大 7 日洪量主要发生在 4—10 月份。

采用 14 个单变量边缘分布函数模型分别对两个变量系列进行拟合分析。模型中的参数采用贝叶斯方法,并结合马尔科夫链蒙特卡洛方法进行估计。抽样过程中设置了 5 条平行链,给定各参数的初始值及抽样区间,抽取 10 000 组数据,其中 9 900 组数据作为预热,并对抽样过程进行了收敛性判断,如表 4.3 和表 4.4 所示。

表 4.3 7 日洪量系列边缘分布模型参数收敛判别指标统计

模型编号	模型简称	7 日洪量收敛判别指标				
		γ_0	α_1	α_0	β_1	β_0
1	P - Sta	1.01		1.01		1.02
2	P - LocT	1.02	1.03	1.01		1.03
3	P - LocT - SclT	1.02	1.04	1.04	1.02	1.05
4	P - LocP	1.01	1.03	1.02		1.01
5	P - LocP - SclP	1.03	1.07	1.06	1.04	1.03
6	P - LocT - SclP	1.07	1.02	1.01	1.03	1.04
7	P - LocP - SclT	1.03	1.01	1.03	1.04	1.03
		K_0	ξ_1	ξ_0	μ_1	μ_0
8	G - Sta	1.02		1.02		1.01
9	G - LocT	1.05	1.01	1.01		1.02
10	G - LocT - SclT	1.02	1.02	1.01	1.03	1.04
11	G - LocP	1.03	1.04	1.01	1.02	1.07
12	G - LocP - SclP	1.01	1.04	1.07	1.03	1.01
13	G - LocT - SclP	1.01	1.06	1.02	1.03	1.01
14	G - LocP - SclT	1.03	1.02	1.04	1.01	1.02

表 4.4　洪峰系列边缘分布模型参数收敛判别指标统计

模型编号	模型简称	洪峰收敛判别指标				
		γ_0	α_1	α_0	β_1	β_0
1	P－Sta	1.02		1.03		1.01
2	P－LocT	1.01	1.02	1.01	1.01	1.07
3	P－LocT－SclT	1.04	1.02	1.01	1.03	1.02
4	P－LocP	1.03	1.01	1.02		1.04
5	P－LocP－SclP	1.05	1.06	1.04	1.04	1.03
6	P－LocT－SclP	1.02	1.04	1.01	1.02	1.03
7	P－LocP－SclT	1.01	1.01	1.03	1.02	1.02
		K_0	ξ_1	ξ_0	μ_1	μ_0
8	G－Sta	1.02		1.04		1.04
9	G－LocT	1.03	1.01	1.03		1.01
10	G－LocT－SclT	1.02	1.01	1.03	1.06	1.07
11	G－LocP	1.01	1.01	1.02		1.05
12	G－LocP－SclP	1.02	1.01	1.01	1.02	1.01
13	G－LocT－SclP	1.03	1.03	1.01	1.03	1.03
14	G－LocP－SclT	1.07	1.02	1.04	1.01	1.02

　　由表 4.3 和表 4.4 可以看出,7 日洪量与洪峰系列的 14 个模型在参数估计过程中,收敛性判别指标均小于 1.1,由 4.2 节可知当判别指标 R 小于 1.1 时,说明抽样方法符合收敛要求,在实际应用 AM 抽样方法时,只要满足 $R < 1.1$,即可判定抽样算法收敛。基于 AM 抽样方法得到模型参数的最大后验估计后,即可求得各模型的 AIC 和 BIC 值,见表 4.5。

表 4.5　7 日洪量与洪峰系列边缘分布模型 AIC、BIC 统计

模型编号	模型简称	7 日洪量		洪峰	
		AIC	BIC	AIC	BIC
1	P－Sta	280.9	286.7	906.3	914.1
2	P－LocT	281.5	287.2	905.8	911.5
3	P－LocT－SclT	282.3	285.2	904.3	913.1
4	P－LocP	280.6	284.3	908.3	914.1
5	P－LocP－SclP	280.1	281.7	907.7	915.1
6	P－LocT－SclP	280.6	282.3	932.3	938.1
7	P－LocP－SclT	287.9	296.5	911.2	916.3
8	G－Sta	278.6	283.3	906.6	914.3

续表

模型编号	模型简称	7日洪量		洪峰	
		AIC	BIC	AIC	BIC
9	G - LocT	279.7	287.4	908.3	916.8
10	G - LocT - SclT	281.7	291.2	906.9	916.5
11	G - LocP	280.5	287.1	908.3	915.9
12	G - LocP - SclP	278.6	284.7	908.7	916.4
13	G - LocT - SclP	**273.1**	**280.9**	**901.4**	**910.9**
14	G - LocP - SclT	296.9	306.5	906.3	914.9

由表 4.5 的 AIC、BIC 统计结果可知,对于 7 日洪量而言,14 个概率分布函数模型的 AIC 值大小不同,取值范围在(270,300)之间,其中模型 G - LocT - SclP 的 AIC 最小为 273.1。14 个概率分布函数模型的 BIC 值范围为(280,310),各模型 BIC 值之间也存在差异,其中模型 G - LocT - SclP 的 BIC 最小为 280.9。根据 4.3 节中介绍的 AIC 和 BIC 两种准则的优选原理——值越小对应的模型越优,而 AIC 和 BIC 最小值对应的模型均是 G - LocT - SclP,因此,综合两个优选准则的结果可认为,7 日洪量的最优边缘分布模型为 G - LocT - SclP,即广义极值分布(GEV)的位置参数随时间因子变化、尺度参数随降雨因子变化、形状参数为稳定状态不随协变量变化,边缘分布模型参数结果见表 4.6。

图 4.1 为 7 日洪量系列 G - LocT - SclP 模型的拟合效果图,横坐标表示单位正态分位点,纵坐标表示偏差大小。从图中可以看到,偏差系列的点基本都落在上下两个半椭圆形虚线之间,仅有个别点压到虚线,大部分都超过了给定 95% 的置信区间,进一步验证了 G - LocT - SclP 模型对 7 日洪量系列具有良好的模拟效果。

关于洪峰系列的拟合效果,表 4.5 中也同样给出了 14 个不同模型的 AIC、BIC 值。从表中可以看出,AIC 最小值为 901.4,对应的是 G - LocT - SclP 模型;BIC 最小值为 910.9,对应的也是 G - LocT - SclP 模型。因此,可认为洪峰系列的最优边缘分布模型为 G - LocT - SclP。

表 4.6　7 日洪量与洪峰系列最优边缘分布模型参数结果

系列名称	K_0	ξ_1	ξ_0	μ_1	μ_0
7日洪量	$-4.92 * 10^{-2}$	$-4.44 * 10^{-2}$	6.27	$-7.31 * 10^{-5}$	1.21
洪峰	$-1.46 * 10^{-2}$	-6.78	2 478.90	$8.71 * 10^{-5}$	7.33

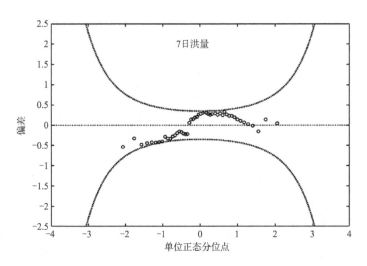

图 4.1   7 日洪量系列的 G - LocT - SclP 模型模拟 worm 图

图 4.2 给出了洪峰系列的 G - LocT - SclP 模型拟合效果图。从图中可以看到,偏差系列的点基本都落在上下两个半椭圆形虚线之间,仅有个别点压过虚线上,大部分都超过了给定 95% 的置信区间,因此总体上来看 G - LocT - SclP 模型对洪峰系列具有良好的模拟效果。

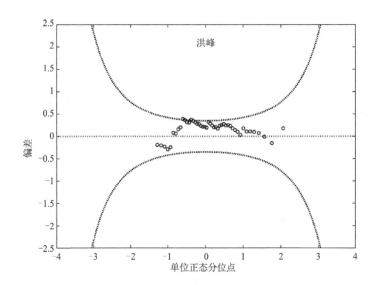

图 4.2   洪峰系列的 G - LocT - SclP 模型模拟 worm 图

4.4.2　多变量动态 Copula 联合分布模型优选

通过上述的优选分析,获得了洪峰和最大 7 日洪量系列的最优分布函数。在此基础上,对基于时变 Copula 构建的 6 种非一致性多变量动态 Copula 联合分布模型进行参数估计及模型效果分析。参数估计同样采用贝叶斯方法并结合马尔科夫链蒙特卡洛采样算法。模型拟合效果评估采用 DIC 准则。表 4.7 给出了参数估计过程中收敛判别指标值及 6 种非一致性多变量动态联合分布函数模型的 DIC 评估结果。

表 4.7　多变量模型参数收敛判别及优度准则统计

模型编号	模型简称	R		DIC
		θ_1	θ_0	
1	ClaytonS		1.01	0.372 1
2	ClaytonT	1.02	1.01	0.363 7
3	FrankS		1.02	0.317 8
4	FrankT	1.00	1.01	0.305 1
5	GumbelS		1.03	0.275 3
6	GumbelT	1.02	1.05	0.261 7

从表 4.7 可以看出,所有模型参数估计过程中的收敛判别指标均小于 1.1,表明参数估计过程是收敛且可接受的。通过计算结果可以发现,不同动态 Copula 联合分布函数模型的 DIC 值不同,其中基于 Clayton 函数构建的两种模型的 DIC 值最大,分别为 0.372 1 和 0.363 7;而基于 Gumbel 函数构建的两种模型 DIC 值最小,分别为 0.275 3 和 0.261 7,说明 Gumbel 函数对本次研究的 7 日洪量和洪峰两变量系列的联合分布拟合效果更好。进一步比较了结构参数时变和时不变情形下的拟合情况,结果表明,3 种时不变 Copula 结构参数情形下模型的 DIC 值要大于结构参数时变情形。总的来看,具有时变结构参数的 Gumble Copula 函数模型(GumbelT)具有最小的 DIC 值,即 GumbelT 多变量动态联合分布模型最优,其非一致性边缘分布函数模型为 G‐LocT‐SclP 模型。

4.5　小结

本章针对非一致性条件下多变量联合分布函数模型构建问题进行了研究。非一致性条件下多变量联合分布函数模型的构建涉及边缘分布非一致性和变量间相关结构非一致性两方面的内容。针对边缘分布非一致性描述问题,本书基于 P-Ⅲ 和 GEV 分布函数,通过建立 P-Ⅲ 和 GEV 函数中参数与时间或降雨等协变量的驱动关系,构建了 14 种概率分布函数模型以描述洪峰和 7 日洪量的非一致性统计规律,其中 12 种为变参数概率分布模型,2 种为一致性概率分布函数模型。对于变量间相关结构的非一致性问题,本书基于 Clayton、Frank 和 Gumbel 3 种常见的 Copula 函数,通过假定其结构参数是否随时间变化,构建了 6 种非一致性峰-量动态联合分布函数模型。模型参数的估计采用了贝叶斯方法并结合了马尔科夫链蒙特卡洛抽样方法。对黄龙滩洪峰及最大 7 日系列的应用结果表明,从 AIC 和 BIC 指标评价来看,洪量与洪峰系列的最优边缘分布函数模型均为 G-LocT-SclP 模型,即 GEV 分布函数的位置参数随时间变化、尺度参数随降雨变化。从 DIC 指标的结果来看,洪量与洪峰间最优的非一致性联合分布函数模型为 GumbelT,即 Gumbel Copula 函数中的结构参数随时间变化。

第五章

非一致性条件下多变量洪水
设计值计算

在一致性条件下,关于峰-量组合设计值的计算有较多的研究,且已提出了若干具有代表性的成果,如依据"AND"、"OR"和"Kendall"等方式计算组合设计值[185-186]。但在非一致性条件下,多变量联合概率分布函数在不同年份是不同的,这就导致了对于给定的重现期,在不同年份计算的组合设计值的结果是不同的,进而造成计算结果很难应用于工程设计。本章就非一致性条件下多变量设计值组合推求问题开展研究。在第四章中构建的非一致性多变量动态联合分布模型的基础上,对非一致性单变量情形下用于设计值计算的等可靠度法进行了拓展,提出采用等可靠度法与组合关系曲线法相耦合的方法来解决非一致性多变量洪水设计值计算难题。

5.1 一致性条件下组合设计值的计算方法

在水文频率分析领域,Copula 函数因其具有灵活构造多变量联合分布的优点,已被广泛地应用于多变量系列的水文频率分析问题[187-188]。随之而来的一个关键问题就是多变量重现期或指定重现期下多变量组合设计值如何计算。目前,常用的一致性条件下多变量重现期有"OR"、"AND"和"Kendall"3 种[185-186]。给定了某一设计标准(如多变量重现期),会存在着无数种变量组合都满足指定的重现期要求,很难选择最优组合解[189]。针对这一问题,Salvadori 等[112]人在 2011 年提出了基于 Copula 的 Kendall 多变量重现期的定义和估算方法,解决了一致性条件下多变量设计值组合最优解问题。本节将重点介绍上述 3 种重现期的定义及对应重现期下的最优组合设计值推求算法。

5.1.1 一致性条件下多变量联合重现期

水文上对重现期概念的解释通常为大于设计标准的变量(洪水或降雨)平均出现一次的时间,从统计学角度可以通过系列的分布函数求得:$T = \dfrac{1}{1 - F_T}$,其中,F_T 为该系列的分布函数中已知设计标准对应的分布值。而对于多变量系列的联合重现期问题,通常是利用拟合 Copula 来估计不同的联合重现期,常见的有"OR"重现期、"AND"重现期和"Kendall"重现期 3 种,假设两变量情形有系列 X 和 Y,则可将"OR"重现期记为 $T_{X,Y}^{\cup}$,"AND"重现期记为 $T_{X,Y}^{\cap}$。下面介绍 3 种重现期的定义及计算方法。

1. "OR"重现期

"OR"顾名思义是或者关系,对系列取并集,因此事件 $O_{X,Y}^{\cup}$ 表示变量系列 X 或 Y 里至少发生了一次超过设计标准的情况:

$$O_{X,Y}^{\cup} = \{X \geqslant x_T\} \bigcup \{Y \geqslant y_T\} \tag{5.1}$$

其中,x_T 为给定标准下 X 系列的设计值;y_T 为给定同样标准下 Y 系列的设计值。一般事件 $O_{X,Y}^{\cup}$ 的重现期就是防洪标准,联合重现期表达式为

$$T_{X,Y}^{\cup} = \frac{1}{P_{X,Y}^{\cup}} = \frac{1}{1 - F(x_T, y_T)} \tag{5.2}$$

其中,$P_{X,Y}^{\cup}$ 为 X、Y 系列至少有一个系列超过设计标准的概率值;$F(x_T, y_T)$ 为对应的分布值。

假设单变量情形下给定设计标准重现期 T 求得 X、Y 系列的设计值分别为 x_T 和 y_T,因为"OR"重现期下的事件 $O_{X,Y}^{\cup}$ 表示的是变量系列 X 或 Y 里至少发生一次超过设计标准的情况,因此重现期 $T_{X,Y}^{\cup}$ 的上限应为 T:

$$T_{X,Y}^{\cup} \leqslant \min[T(x_T), T(y_T)] = T \tag{5.3}$$

由式(5.2)和式(5.3)可知,联合重现期 $T_{X,Y}^{\cup}$ 对应的组合设计值 ($x_{T_{X,Y}^{\cup}}$, $y_{T_{X,Y}^{\cup}}$) 与单变量情形下设计值(x_T, y_T)的关系为

$$x_{T_{X,Y}^{\cup}} \geqslant x_T; \quad y_{T_{X,Y}^{\cup}} \geqslant y_T \tag{5.4}$$

根据式(5.4)可知,"OR"重现期下的组合设计值下限即是单变量情形下的设计值,可利用 Copula 函数计算:

$$T_{X,Y}^{\cup} = \frac{1}{P(U > u \bigcup V > v)} = \frac{1}{1 - C(u, v)} \tag{5.5}$$

其中,u 为"OR"重现期 $T_{X,Y}^{\cup}$ 下 X 系列的设计值;v 为"OR"重现期 $T_{X,Y}^{\cup}$ 下 Y 系列的设计值。根据式(5.5)可以求得多变量情形下对于给定的设计标准("OR"重现期 $T_{X,Y}^{\cup}$)下的 $C(u, v)$ 值,但是对于某一固定 $C(u, v)$ 值,符合条件的组合设计值 (u, v) 有无数个,对于组合设计值的求解问题将在 5.1.2 节介绍。

2. "AND"重现期

不同于"OR"重现期对系列取并集的定义思路,"AND"重现期恰恰相反,是

对系列取交集,因此事件 $O_{X,Y}^{\cap}$ 表示变量系列 X 和 Y 均发生了一次超过设计标准的情况:

$$O_{X,Y}^{\cap} = \{X \geqslant x_T\} \bigcap \{Y \geqslant y_T\} \tag{5.6}$$

其中,x_T 和 y_T 的定义同上。一般防洪标准即为事件 $O_{X,Y}^{\cap}$ 的重现期,则联合重现期表达式为

$$T_{X,Y}^{\cap} = \frac{1}{P_{X,Y}^{\cap}} = \frac{1}{1 - F(x_T, y_T)} \tag{5.7}$$

其中,$P_{X,Y}^{\cap}$ 为 X、Y 系列均超过设计标准的概率值;$F(x_T, y_T)$ 为对应的分布值。

对于单变量情形下给定设计标准重现期 T 的设计值 x_T 和 y_T,因为"AND"重现期下的事件 $O_{X,Y}^{\cap}$ 表示的是变量系列 X 和 Y 均发生超过设计标准的情况,因此重现期 $T_{X,Y}^{\cap}$ 的下限应为 T:

$$T_{X,Y}^{\cap} \geqslant \max\left[T(x_T), T(y_T)\right] = T \tag{5.8}$$

由式(5.7)和式(5.8)可知,联合重现期 $T_{X,Y}^{\cap}$ 对应的组合设计值 $(x_{T_{X,Y}^{\cap}},\ y_{T_{X,Y}^{\cap}})$ 与单变量情形下设计值 (x_T, y_T) 的关系如下:

$$x_{T_{X,Y}^{\cap}} \leqslant x_T;\quad y_{T_{X,Y}^{\cap}} \leqslant y_T \tag{5.9}$$

同样可利用 Copula 函数可计算"AND"重现期:

$$T_{X,Y}^{\cap} = \frac{1}{P(U > u \bigcap V > v)} = \frac{1}{1 - u - v + C(u,v)} \tag{5.10}$$

其中,u、v 为"AND"重现期 $T_{X,Y}^{\cap}$ 下对应系列的设计值,因此给定多变量情形下的设计标准(重现期 $T_{X,Y}^{\cap}$),可根据式(5.10)对 u、v 进行求解,同样存在无数组符合条件的设计值 (u,v),对于具体的求解问题将在 5.1.2 节介绍。

3. "Kendall"重现期

假设有随机矢量 x、y,Copula 函数为 $F = C(u,v)$,则有 x、y 的总序次定义如下:

$$x \leqslant_F y \Leftrightarrow F(x) \leqslant F(y) \tag{5.11}$$

其中,当引入"$\leqslant_F$"表示变量间序次的时候,临界层 L_t^F 可为相应阈值。

假设存在随机矢量的 Copula 联合分布 $F = C(u,v)$,临界水平 $t \in (0,1)$,此时 t 对应的 L_t^F 定义如下:

$$L_t^F = \{x \in R^d; F(x) = t\} \tag{5.12}$$

其中,L_t^F 是 d 维的超等值曲面,满足条件 $F \equiv t$,即对所有矢量点 $x \in R^d$ 都满足于 $F = t$,对于二维矢量 x、y 来说,它们的 L_t^F 是一条等值曲线(见图 5.1),只有三维以上变量才有超等值曲面,并且等值曲线将 R^d 划分为三部分,具体如下:

(1)临界层 L_t^F,该层上的点均符合条件 $F \equiv t$。

(2)亚临界区域 $R_t^{\leqslant}$,该区域上的点均小于临界层 L_t^F 上的点,用符号 $\leqslant_F$ 表示彼此间的关系。

(3)超临界区域 $R_t^{\geqslant}$,该区域上的点均大于临界层 L_t^F 上的点,用符号 $\geqslant_F$ 表示彼此间关系。

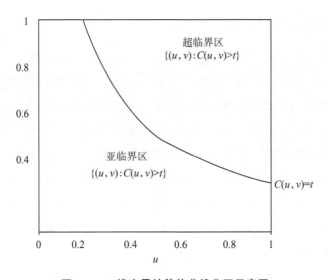

图 5.1　二维变量的等值曲线分区示意图

假设有 $I = [0,1]$;则 Kendall 测度 $K_C: I \rightarrow I$ [190-191] 为

$$K_C = P\{F(X,Y) \leqslant t\} \tag{5.13}$$

其中,$t \in I$;$F(X,Y)$ 为 X_i 的联合分布 $C(u,v)$。

Kendall 测度可将图 5.1 划分为上述 3 个部分,因此可被用作多变量重现期求解的基本工具。式(5.13)表示图 5.1 中亚临界区域,F 表示随机事件出现的概率,对于两变量的 Kendall 测度 K_C 可进一步改写为显函数表达式:

$$K_C(t) = t - \frac{\varphi(t)}{\varphi'(t)} \tag{5.14}$$

其中,$\varphi(t)$ 为相应的 Copula 函数。

根据上述定义,对于分布为 $F = C(u,v)$ 的随机矢量 X,其超临界层重现期 $T_X^{\gtrless}$ 表达式为

$$T_X^{\gtrless} = \frac{1}{p_F[F(x) > t]} = \frac{1}{1 - p_F[F(x) \leqslant t]} = 1 - \frac{1}{1 - K_C(t)} \tag{5.15}$$

其中,$K_C(t)$ 是与 Copula 有关的 Kendall 函数,可由式(5.14)求得,显然给定设计标准"Kendall"重现期 $T_X^{\gtrless}$ 情形下满足临界层 L_t^F 为阈值的组合设计值 (x,y) 有无数解,确定最优解的方法将在 5.1.2 节中介绍。

5.1.2 组合设计值推求

5.1.1 节已经介绍了目前常见的 3 种多变量联合重现期的定义及计算方法,同时也指出了不论"AND"、"OR"还是"Kendall"重现期,都分别将式(5.5)、式(5.10)和式(5.15)作为临界层求解阈值,但是满足条件的水文变量组合有无数种可能。水利工程的组合设计不仅要满足联合重现期的数值关系,更重要的是要考虑工程实际作用。图 5.1 的阈值重现期等值线上的组合虽然都满足数值要求,但是曲线两端当 x_T 取值无穷大时依然有对应的 y_T,同样当 y_T 取值无穷大时也依然存在对应的 x_T,这明显是不符合实际的。因此,为了确定组合设计值的取值,Genest 等[191]提出通过权重函数 w,并利用极大似然法进行唯一解的确定,表达式如下:

$$w = w_{ML} = f(x) \tag{5.16}$$

其中,$f(x)$ 是 F 的概率密度函数,以两变量情形为例有如下表达式:

$$f(x) = f(u,v) = c(u,v) \cdot f_X(x) \cdot f_Y(y) \tag{5.17}$$

令 $f(x)$ 为临界层的权重函数,以式(5.17)为最大目标函数,则设计值表达

式为

$$\delta_{ML}(t) = \mathrm{argmax} w_{ML}(x) = \mathrm{argmax} f(x) \quad t \in (0,1) \tag{5.18}$$

总结上述方法,现将3种重现期下两变量的组合设计值具体求解步骤归纳如下。

(1) "OR"重现期下的两变量组合设计值求解

①根据给定设计标准 T 获得目标变量$[u,v]$的关系式:$\dfrac{1}{1-C(u,v)} = T$;

②以权函数 $w = f(x)$ 为目标函数,$u = [q_p,1]$ 和 $v = [q_p,1]$ 为约束条件;

③采用 MCMC 对$[u,v]$进行抽样,并且满足关系式:$\dfrac{1}{1-C(u,v)} = T$;

④计算每组抽样组合的权函数 w ,其中使 w 最大的组合记为 $[u^*,v^*]$;

⑤计算 $x_T = F_X^{-1}(u^*)$,$y_T = F_Y^{-1}(v^*)$,则此时 $[x_T,y_T]$ 即为唯一的组合设计值解。

(2) "AND"重现期下的两变量组合设计值求解

① 根据给定设计标准 T 获得目标变量 $[u,v]$ 的关系式:$\dfrac{1}{1-u-v+C(u,v)} = T$;

②以权函数 $w = f(x)$ 为目标函数,$u = [q_p,1]$ 和 $v = [q_p,1]$ 为约束条件;

③ 采用 MCMC 对 $[u,v]$ 进行抽样,并且满足关系式:$\dfrac{1}{1-u-v+C(u,v)} = T$;

④计算每组抽样组合的权函数 w ,其中使 w 最大的组合记为 $[u^*,v^*]$;

⑤计算 $x_T = F_X^{-1}(u^*)$,$y_T = F_Y^{-1}(v^*)$,则此时 $[x_T,y_T]$ 即为唯一的组合设计值解。

(3) "Kendall"重现期下的两变量组合设计值求解

① 根据给定设计标准 T 获得目标变量 $[u,v]$ 的关系式:$1 - \dfrac{1}{1-K_C(t)} = T$;

②以权函数 $w = f(x)$ 为目标函数,$u = [q_p,1]$ 和 $v = [q_p,1]$ 为约束

条件；

③采用 MCMC 对$[u,v]$进行抽样，并且满足关系式：$1-\dfrac{1}{1-K_C(t)}=T$；

④计算每组抽样组合的权函数 w，其中使 w 最大的组合记为 $[u^*,v^*]$；

⑤计算 $x_T=F_X^{-1}(u^*)$，$y_T=F_Y^{-1}(v^*)$，则此时 $[x_T,y_T]$ 即为唯一的组合设计值解。

5.2　非一致性条件下组合设计值计算方法

在 5.1 节中已经阐述了一致性条件下多变量的重现期及组合设计值计算方法。然而，非一致性条件下多变量组合设计值的推求问题比一致性条件下的组合设计值计算问题更复杂，主要原因在于非一致性条件下的极值样本系列不再服从同一分布，即每一时刻的设计值与给定标准不再一一对应，导致在非一致性条件下没有了联合重现期的概念，因而无法再利用一致性条件下根据给定标准（重现期）进行组合设计值计算的思路进行求解。这也是为何目前对于非一致性条件下的单变量设计值推求方法研究已有一些成果，而对于非一致性多变量组合设计值的计算成果仍然较少有效的原因。为此，本章就非一致性条件下多变量设计值组合推求问题开展研究。在借鉴非一致性单变量情形下用于设计值计算的等可靠度法基础上，提出采用等可靠度法与组合关系曲线法相耦合来解决非一致性多变量组合设计值计算难题。

5.2.1　组合关系曲线法提出的背景

不论单变量情形下的设计值推求还是多变量情形下的组合设计值推求，其目的是为了获得指定重现期对应的唯一设计值结果。一致性条件下对于多变量重现期及组合设计值的计算已有较多研究。但在非一致条件下，由于边缘分布及变量间相关结构的非一致性问题，导致联合分布函数在不同年份是不同的，进而导致指定重现期下的组合设计值并不唯一。这也使得一致性条件下多变量设计值计算方法难以应用于非一致性多变量情形。如对于洪峰和洪量组成的二维联合分布而言，分布函数 $F_t(X,Y)$ 在不同时刻 t 是不一样的；对于给定洪峰 X、洪量 Y 对应的条件概率分布（$F_t(Y\mid X)$）而言，在不同时刻也是不同的。这就产生了一个问题：给定洪峰 X 条件下，如何获得 X 对应的洪量 Y 的最可能组

合？也就是说，在非一致性条件下，如何计算洪峰 X 和不同时段洪量 Y 的组合
设计值是难点。

考虑到在实际水库的工程水文设计中，往往会根据水库的规模及功能等需
求，对洪水特征（如洪峰和洪量）有着不同的要求，即洪峰和洪量有主次之分。如
大型水库通常具有较大的调蓄能力，设计更侧重时段洪量；而小型水库通常调蓄
能力较弱，设计则会更注重洪峰。因此，在多变量组合设计值计算过程中，采用
先求解非一致性下主变量设计值，再确定与之唯一对应的次变量设计值，这种策
略具有一定的合理性及实践意义。

非一致性条件下主变量设计值 x_T 的推求可以采用等可靠度方法实现。若
能定量描述主变量设计值与对应的次变量设计值间的统计关系值，即两者的组
合关系曲线（见图 5.2），则当已知指定标准下主变量的设计值，就可以通过该组
合关系求出次变量与之对应的最可能值或期望值 y_T，获得的组合设计值
(x_T,y_T) 即为符合标准的组合设计值。因此，如果可以获得主次变量间设计值
的"组合关系曲线"，即可实现非一致性条件下多变量设计值的组合计算。

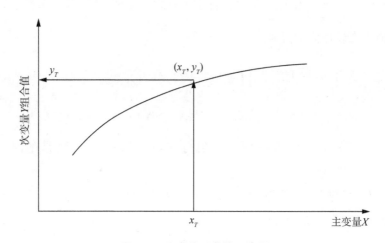

图 5.2　组合关系曲线示意图

5.2.2　等可靠度方法

等可靠度方法是一种用于解决变化环境下非一致性单变量设计值计算的方
法，是由梁忠民等[97,192]提出的。该方法认为，虽然环境变化导致水文序列的一

致性遭到了破坏,但基于非一致性水文序列推求出的设计值,其具有的可靠度不应被降低,至少要和一致性条件下传统频率分析方法得到的设计值具有一样的可靠度。因此,基于此思路,可以利用传统水文频率分析中可靠度的概念对非一致性条件下的水文设计值进行推求。

假设一个水利工程的设计使用年限为 L 年,重现期为 T 年,对一致性条件而言,由于水文极值的概率分布不随时间变化,因此在 L 年的使用年限内每一年超过设计洪水的概率均为 $p_1 = p_2 = \cdots = p_L = \dfrac{1}{T}$,则一致性条件下水文设计的可靠度 R_S 为

$$R_S = \prod_{t=1}^{L} p_t = \left(1 - \frac{1}{T}\right)^L \tag{5.19}$$

而在非一致性条件下,样本极值系列不再满足独立同分布这一假设条件,则对于给定标准的设计值(记为 X_T),每年的超过概率 p_t 不再相同,即 $p_1 \neq p_2 \neq \cdots \neq p_L \neq \dfrac{1}{T}$。仿照一致性条件下可靠度的定义,非一致性条件下 L 年使用年限内水文设计值的可靠度 R_{NS} 为

$$R_{NS} = \prod_{t=1}^{L} p_t = \prod_{t=1}^{L} (1 - F_t(X_T)) \tag{5.20}$$

$$F_t(X_T) = P(X_t > X_T) \tag{5.21}$$

其中,$F_t()$ 是第 t 年样本系列的极值分布($t = 1, 2, \cdots, L$),是随时间 t 改变的。

根据"等可靠度法"思想,无论环境是否发生变化都应该保证工程的可靠度不变,即 $R_{NS} = R_S$,则有:

$$R_{NS} = \prod_{t=1}^{L} (1 - F_t(X_T)) = R_S = \left(1 - \frac{1}{T}\right)^L \tag{5.22}$$

求解方程(5.22),即可获得非一致性条件下给定设计标准下的水文设计值 X_T。

为阐明使用等可靠度法进行水文设计值推求的具体步骤,以本次研究对象主变量 7 日洪量系列为例进行说明,假设待建工程的设计使用年限为 L 年,并

且经过了模型构建及筛选得到了最优模型 G-LocT-SclP,则此时概率密度函数表达式为

$$F(x \mid \xi, \mu, K) = \begin{cases} \exp\left\{-\left[1 - K_0\left(\dfrac{x - \xi_0 - \xi_1 t}{\mu_0 + \mu_1 p}\right)\right]^{1/K_0}\right\}, & K_0 \neq 0 \\ \exp\left[-\exp\left(-\dfrac{x - \xi_0 - \xi_1 t}{\mu_0 + \mu_1 p}\right)\right], & K_0 = 0 \end{cases} \tag{5.23}$$

图 5.3 是 G-LocT-SclP 模型的分布函数随协变量变化的示意图。由于变异性诊断结果显示系列存在减小的趋势性变异,且位置参数 ξ 和尺度参数 μ 与协变量因子呈线性关系,因此分布函数随时间也有减小的趋势。对于待推求的洪量设计值 X_T,即图中的虚线,由于每一年的分布函数都在变化,所以每一年 t 超过洪量设计值 X_T 的概率 p_t 也随时间发生改变(减小)。

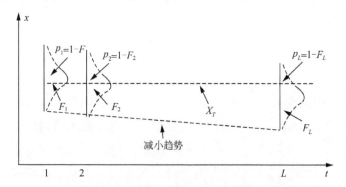

图 5.3　单变量变参数分布函数随时间变化示意图

利用贝叶斯方法可估计参数 α_0、α_1、β_0、β_1 和 γ_0 的值,进而可求得从 n 年(如 2020 年进行工程设计,则 $n = 2020$)开始逐年的概率分布函数 $F_t(x \mid \alpha, \beta, \gamma)$,$t = n+1, n+2, \cdots, n+L$,此时的水文设计可靠度应为

$$R_{NS} = \prod_{t=n+1}^{n+L} (1 - F_t(X_T \mid \alpha, \beta, \gamma)) \tag{5.24}$$

按照等可靠度法,应有 $R_S = R_N$,即:

$$\prod_{t=n+1}^{n+L} (1 - F_t(X_T \mid \alpha, \beta, \gamma)) = \left(1 - \frac{1}{T}\right)^L \tag{5.25}$$

此时等式(5.25)左右两侧只有 X_T 未知,因此求解式(5.25)即可得到非一

致性条件下的工程水文设计值,一般可通过数值求解的办法进行推求。

5.2.3 组合关系曲线法

在一致性条件下,对于给定设计标准的情况而言,可根据主变量的设计值,利用条件最可能组合法或条件期望组合法可直接推求次变量的设计值,具体方法如下。

（1）条件最可能组合法

在一致性条件下,假设有变量 X 和 Y,根据 4.2 节阐述的方法可以获得变量 X 和变量 Y 之间的联合分布函数,进而可推求主变量 X 给定条件下,变量 Y 的条件分布函数,公式如下[193]:

$$F_{Y|X}(y) = P(Y \leqslant y \mid X = x) = \frac{\partial F(x,y)}{\partial x} \Big/ \frac{\mathrm{d}F_x(x)}{\mathrm{d}x} = C_1(u,v) \quad (5.26)$$

此时,$F_{Y|X}(y)$ 的概率密度函数可写成:

$$f_{Y|X}(y) = c(u,v)f_Y(y) \quad (5.27)$$

对于已求得主变量 X 的设计值 x_p,当 $f_{Y|X}(y)$ 取最大值时,此时的 y 记为 y_M,其组合（x_p, y_M）即为条件最可能组合。为方便求解,将 $f_{Y|X}(y)$ 对 y 求导,则有:

$$\mathrm{d}f_{Y|X}(y)/\mathrm{d}y = c_1 f_Y(y) + c f'_Y(y) \quad (5.28)$$

其中,$c_1 = \partial c(u,v)/\partial v$,当 $f_{Y|X}(y)$ 取最大值时,$f_{Y|X}(y)$ 对 y 的偏导为 0,即:

$$c_1 f_Y(y) + c f'_Y(y) = 0 \quad (5.29)$$

因此,当 x_p 已知时,要获得条件最可能组合设计值（x_p, y_M）时,只要求解式（5.29）即可。

在非一致性条件下、主变量 X 给定条件下,变量 Y 的条件分布函数表达式变成:

$$F_{Y,t|X}(y) = P_t(Y \leqslant y \mid X = x) = \frac{\partial F(x,y)}{\partial x} \Big/ \frac{\mathrm{d}F_x(x)}{\mathrm{d}x} = C_2(u,v,\theta(\cdot))$$

$$(5.30)$$

此时的 $F_{Y,t|X}(y)$ 的概率密度函数则变成：

$$f_{Y,t|X}(y) = c(u,v,\theta(\cdot))f_{Y,t}(y) \tag{5.31}$$

根据上述条件最可能组合法的求解思路，当 $f_{Y,t|X}(y)$ 取最大值时，$f_{Y,t|X}(y)$ 对 y 的偏导为 0，即：

$$\frac{\partial c(u,v,\theta(\cdot))}{\partial v}f_Y(y) + cf'_Y(y) = 0 \tag{5.32}$$

根据第四章中描述方法构建的多变量动态 Copula 联合分布模型可知，式(5.32)中无论是结构函数 $c(u,v,\theta(\cdot))$，还是概率密度函数 $f_{Y,t}(y)$ 都是随时间变化的，因此不同时刻下求得的次变量条件最可能值 $y_M^{(t)}$ 均不相同。

（2）条件期望组合法

一致性条件下，当主变量 X 设计值 x_p 已知时，取 y 的期望值 $E(y|x_p)$ 组成的组合称为条件期望组合[194-195]，计算公式如下：

$$E(y|x) = \int_{-\infty}^{+\infty} yf_{Y|X}(y)\mathrm{d}y = \int_{-\infty}^{+\infty} yc(u,v)f_Y(y)\mathrm{d}y \tag{5.33}$$

利用数值积分工具对式(5.33)进行推求，即可获得条件期望组合设计值 $(x_p, E(y|x_p))$。

在非一致性条件下，主变量 X 给定条件下，次变量 Y 的期望值表达式为

$$E_t(y|x) = \int_{-\infty}^{+\infty} yf_{Y,t|X}(y)\mathrm{d}y = \int_{-\infty}^{+\infty} yc(u,v,\theta(\cdot))f_{Y,t}(y)\mathrm{d}y \tag{5.34}$$

其中，式(5.34)中的结构函数 $c(u,v,\theta(\cdot))$ 和条件概率函数 $f_{Y,t}(y)$ 都是随时间变化的，因此不同时刻下求得的次变量期望值 $y_E^{(t)}$ 均不相同。

（3）组合关系曲线模型

根据上述方法介绍可知，在一致性条件下当主变量 X 设计值 x_T 已知时，可采用最可能组合法中的式(5.29)或条件期望组合法中的式(5.33)求得对应的次变量设计值 y_T，进而获得组合设计值 (x_T, y_T)。但是，在非一致性条件下，主控变量的边缘分布函数及洪量与洪峰联合分布函数在不同年份是不同的。对于给定的不超过概率，主变量对应的设计值随时间是变化的，导致根据上述两种方法求得的次变量的设计值 $y_M^{(t)}$ 和 $y_E^{(t)}$ 也是随时间变化的。此时，洪量与洪峰组合

设计值是随时间变化且不唯一的。为了解决这个问题,可以通过构建洪量与洪峰设计值间的组合关系曲线实现。

根据第四章中多变量模型构建方法介绍可知,主变量 X 的边缘分布 $F_X(x \mid \theta(\bullet))$ 是时变的,因此给定不超过概率值 p 的情况下,根据边缘分布 $F_X(x \mid \theta(\bullet))$ 求得的主变量的分位点 x_p 也随时间变化:

$$x_p^{(t)} \sim F_X^{-1}(p \mid \theta(\bullet)) \, , \, t=1,2,\cdots,n \tag{5.35}$$

根据式(5.35)可求得任意时刻下主变量 X 的分位点 $x_p^{(t)}$,结合式(5.32)和式(5.34)可求得任意时刻分位点 $x_p^{(t)}$ 对应的次变量组合值 $y_M^{(t)}$ 和 $y_E^{(t)}$, $t=1$,$2,\cdots,n$ 。因此获得了设计标准 p 下的主变量 X 与次变量 Y 的组合值 $(x_p^{(t)}$,$y_M^{(t)})$ 或 $(x_p^{(t)},y_E^{(t)})$ 。

再根据 $(x_p^{(t)},y_M^{(t)})$ 或 $(x_p^{(t)},y_E^{(t)})$ 的样本系列,即可获得不超过概率值 p 的条件下 x_p 与 y_M(或 y_E)间统计关系如下:

$$\begin{cases} y_M = f(x_p) \\ y_E = f(x_p) \end{cases} \tag{5.36}$$

对于给定设计标准(即重现期 T),单变量情形下的主变量 X 设计值 x_T 通过等可靠度法求得,然后可根据条件最可能组合关系或条件期望组合关系,即式(5.36)求得 x_T 已知情况下对应的次变量组合值 y_T^M(或 y_T^E)。此时求得的组合设计值 (x_T,y_T^M) 或 (x_T,y_T^E) 即为非一致条件下给定标准重现期 T 下的符合防洪要求的主变量以及对应的次变量组合设计值:

$$\begin{cases} y_T^M = f(x_T) \\ y_T^E = f(x_T) \end{cases} \tag{5.37}$$

假设主变量系列 X:$\{x_1,x_2,\cdots,x_n\}$,次变量系列 Y:$\{y_1,y_2,\cdots,y_n\}$,系列长度为 n 年,给定标准重现期 T 和工程寿命 L,则应用组合关系曲线法推求组合设计值的具体步骤表述如下:

①根据系列资料构建并筛选出最优多变量联合分布模型:$F_t(x,y)=C(F_X(x),F_Y(y),\theta(\bullet))=C(u,v,\theta(t))$, $t=1,2,\cdots,n+L$ 。基于主变量非一致性边缘分布函数 $F_X(x)$,可求得指定频率 p 下每一年的分位点:$x^{(t)}=$

$\{x^{(1)}, x^{(2)}, \cdots, x^{(n+L)}\}$。

②采用上文介绍的条件最可能组合法（或条件期望组合法）推求分位点 $x^{(t)}$ 所对应的次变量的最可能或期望组合分位点：$y^{(t)} = \{y^{(1)}, y^{(2)}, \cdots, y^{(n+L)}\}$。

③根据步骤①和②可获得洪量与洪峰分位点组合系列 $\{(x^{(1)}, y^{(1)}), (x^{(2)}, y^{(2)}), \cdots, (x^{(n+L)}, y^{(n+L)})\}$，以主变量 X 为横轴、次变量 Y 为纵轴，绘制出分位点组合点据，通过拟合方式确定组合关系曲线 $y = f(x)$，如图 5.4 所示。

④根据给定标准重现期 T 和工程寿命 L，基于主变量 X 的边缘分布函数，采用等可靠度法计算非一致性单变量情形下的主变量设计值 x_T。

⑤将求得的主变量设计值 x_T 带入步骤③中所求得组合关系曲线方程，则有 $y_T = f(x_T)$，此时的组合值 (x_T, y_T) 即为满足要求的多变量组合设计值。

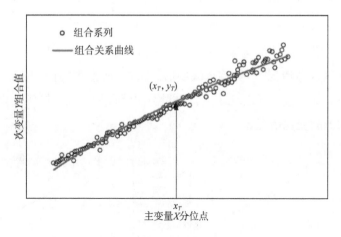

图 5.4　组合关系曲线求解示意图

5.3　应用示例

以黄龙滩洪峰和最大 7 日洪量系列为对象，对上述方法进行示例研究，其中以最大 7 日洪量为主变量，洪峰为次变量。

5.3.1　非一致性单变量设计值计算

根据第四章中的模型优选结果可知，用于描述非一致性 7 日洪量与洪峰的最优变参数概率分布模型均为 G-LocT-SclP,模型选用 GEV 分布函数,其中的位置参数随时间变化,而尺度参数随降雨变化,形状参数保持不变。基于等可靠度法,计算了工程使用寿命分别为 30 年、50 年及 80 年条件下,重现期标准为 10 年、20 年、50 年和 100 年时对应的洪量与洪峰设计值,结果见表 5.1。

表 5.1 给定设计标准下的单变量水文设计值计算结果

工程寿命(年)	7 日洪量(亿 m³)				洪峰(m³/s)			
	重现期标准(年)							
	10	20	50	100	10	20	50	100
30	11.8	13.7	16.1	17.8	7 038.5	8 157.5	9 586.9	10 645.8
50	10.4	12.4	14.8	16.5	6 237.6	7 364.0	8 805.4	9 871.8
80	9.1	11.1	13.6	15.4	5 496.6	6 630.6	8 081.0	9 154.9

从表 5.1 可以看出,不论是 7 日洪量还是洪峰,对于给定的重现期而言,不同工程使用寿命下计算的设计值存在差异,总体上随着工程使用寿命的增加,所推求的洪量与洪峰设计值呈减小趋势,这是由于系列呈减少趋势导致。而在相同的工程使用寿命情况下,随着重现期值的增加,所推求的设计值也是增加的。图 5.5 和图 5.6 更直观地展现了 7 日洪量与洪峰设计值在不同工程设计寿命及不同重现期下的变化情况。

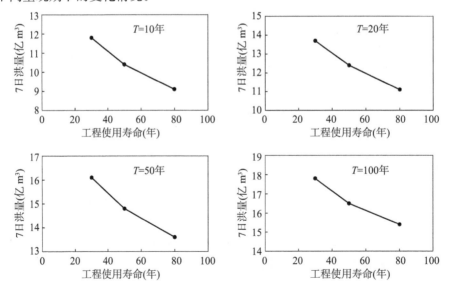

图 5.5 不同重现期及工程使用寿命条件下的 7 日洪量设计值

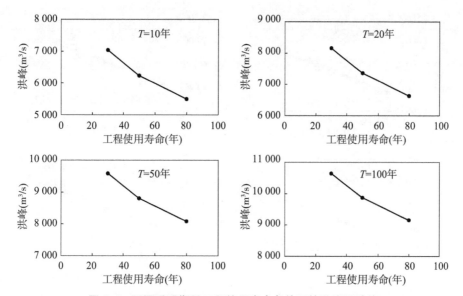

图 5.6 不同重现期及工程使用寿命条件下的洪峰设计值

5.3.2 洪量与洪峰组合设计值计算

根据主变量(7日洪量)的变参数概率分布函数模型 G - LocT - SclP,可计算每一年任意时刻指定重现期(10、20、50、100年)条件下(1956—2095年)7日洪量的分位点。基于 4.4.2 节中优选的多变量动态 Copula 联合分布模型 GumbelT,结合条件期望组合法和条件最可能组合法,可计算任意年份指定重现期条件下 7 日洪量分位点所对应的洪峰最可能或期望组合值,进而获得指定重现期下洪量与洪峰的成对样本系列,如图 5.7 所示。

根据不同重现期下计算的洪量与洪峰组合值点据系列,通过拟合方式可以获得指定重现期条件下,洪量设计值与洪峰条件最可能或条件期望值间的组合关系曲线。从图 5.7 可以看出,整体拟合效果较好,获得的方程即为指定重现期下洪量与洪峰设计值的组合关系曲线。

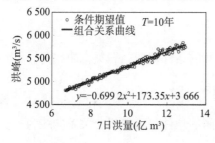
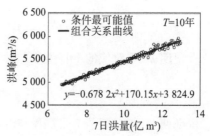

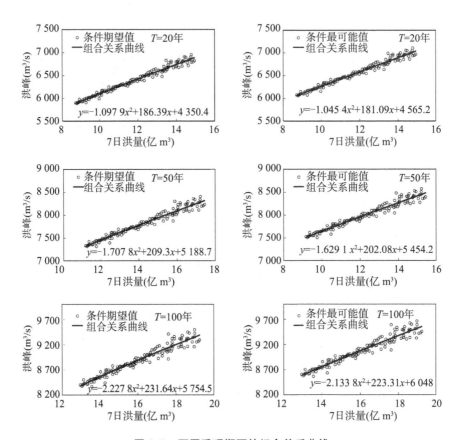

图 5.7　不同重现期下的组合关系曲线

不同重现期对应的洪量与洪峰设计值的条件期望组合关系曲线和条件最可能组合关系曲线分别表示如下：

重现期 10 年对应的 7 日洪量与洪峰间的条件期望组合关系曲线为

$$y_T^E = -0.699\ 2x_T^{\ 2} + 173.35x_T + 3\ 666$$

重现期 10 年对应的 7 日洪量与洪峰间的条件最可能组合关系曲线为

$$y_T^M = -0.678\ 2x_T^{\ 2} + 170.15x_T + 3\ 824.9$$

重现期 20 年对应的 7 日洪量与洪峰间的条件期望组合关系曲线为

$$y_T^E = -1.097\ 9x_T^{\ 2} + 186.39x_T + 4\ 350.4$$

重现期 20 年对应的 7 日洪量与洪峰间的条件最可能组合关系曲线为

$$y_T^M = -1.045\ 4x_T^2 + 181.09x_T + 4\ 565.2$$

重现期 50 年对应的 7 日洪量与洪峰间的条件期望组合关系曲线为

$$y_T^E = -1.707\ 8x_T^2 + 209.3x_T + 5\ 188.7$$

重现期 50 年对应的 7 日洪量与洪峰间的条件最可能组合关系曲线为

$$y_T^M = -1.629\ 1x_T^2 + 202.08x_T + 5\ 454.2$$

重现期 100 年对应的 7 日洪量与洪峰间的条件期望组合关系曲线为

$$y_T^E = -2.227\ 8x_T^2 + 231.64x_T + 5\ 754.5$$

重现期 100 年对应的 7 日洪量与洪峰间条件最可能组合关系曲线为

$$y_T^M = -2.133\ 8x_T^2 + 223.31x_T + 6\ 048$$

上述公式中 y_T^E 为重现期 T 下的次变量洪峰的条件期望组合值；y_T^M 为重现期 T 下的次变量洪峰的条件最可能组合值；x_T 为重现期 T 下的主变量 7 日洪量的设计值。

在 5.3.1 节中，已根据等可靠度法计算出了不同工程设计寿命及不同重现期条件下主变量 7 日洪量的设计值，结合上述不同重现期对应的组合关系曲线，即可求次变量洪峰的条件期望值和条件最可能值，进而获得指定重现期下的洪量与洪峰组合设计值，结果见表 5.2。

表 5.2　给定设计标准下的水文组合设计值计算结果

重现期标准（年）	工程寿命（年）					
	30		50		80	
	$[x_T, y_T^E]$	$[x_T, y_T^M]$	$[x_T, y_T^E]$	$[x_T, y_T^M]$	$[x_T, y_T^E]$	$[x_T, y_T^M]$
10	[11.8,5 614.9]	[11.8,5 738.9]	[10.4,5 396.0]	[10.4,5 523.9]	[9.1,5 187.1]	[9.1,5 318.6]
20	[13.7,6 698.8]	[13.7,6 850.8]	[12.4,6 486.9]	[12.4,6 644.2]	[11.1,6 283.9]	[11.1,6 446.3]
50	[16.1,8 110.7]	[16.1,8 280.5]	[14.8,7 910.5]	[14.8,8 086.4]	[13.6,7 715.8]	[13.6,7 897.7]
100	[17.8,9 166.9]	[17.8,9 342.1]	[16.5,8 975.3]	[16.5,9 156.7]	[15.4,8 787.2]	[15.4,8 974.9]

从表 5.2 可以看出，指定重现期条件下，随着工程寿命的增加，洪量与洪峰设计值的条件期望组合和条件最可能组合均呈现减小趋势，这与洪峰、洪量系列

自身呈现减少趋势的特征一致。指定工程使用寿命条件下,随着重现期标准的提高,组合设计值呈增加趋势。总的来看,在相同重现期及相同工程设计寿命条件下,采用条件期望组合方法计算的洪峰设计值要小于基于条件最可能方法计算的洪峰设计值。此外,通过对比表5.1和表5.2发现,考虑洪峰和洪量之间相关性推求的洪峰设计值要小于直接采用洪峰系列计算的设计值(未考虑两者间相关性时推求的设计值)。

5.4　小结

本章研究了非一致性条件下多变量洪水设计值计算问题。一致性框架下关于多变量洪水设计值计算问题已有诸多研究,且已有较多代表性的成果,但这些方法理论上都不适用于非一致性条件下的多变量情形。本章在借鉴了非一致性单变量情形下用于设计值计算的等可靠度法基础上,提出了基于等可靠度法与条件期望/条件最可能组合关系曲线法相耦合的非一致性多变量组合设计值计算方法。以黄龙滩站洪峰和7日洪量为例进行了示例应用研究。结果表明,在相同重现期及相同工程设计寿命条件下,条件期望组合方法计算的洪峰设计值要小于条件最可能方法计算的洪峰设计值,且随着工程设计寿命的增加,洪量与洪峰组合设计值呈减小趋势。

参考文献

［1］王浩，刘家宏. 引汉济渭工程在国家水资源战略布局中的作用[J]. 中国水利，2015(14):47-50.

［2］石春先，安新代，李世滢，等. 小浪底水库初期运用方式研究[J]. 人民黄河，2000,22(8):7-8.

［3］刘宁. 三峡-清江梯级电站联合优化调度研究[J]. 水利学报，2008(3):264-271.

［4］翟家瑞，刘红珍，王玉峰. 黄河洪水的分期调度与分级调度[J]. 人民黄河，2003(5):6-7.

［5］BENSON M A. Uniform flood-frequency estimating methods for federal agencies[J]. Water Resources Research, 1968, 4(5):891-908.

［6］NERC. Flood studies report[M]. London: Natural Environment Research Council, 1975.

［7］中华人民共和国水利部. 水利水电工程设计洪水计算规范:SL 44—2006 [S]. 北京:中国水利水电出版社,2006.

［8］梁忠民，胡义明，王军. 非一致性水文频率分析的研究进展[J]. 水科学进展，2011,22(6):864-871.

［9］LECLERC M, OUARDA T B M J. Non-stationary regional flood frequency analysis at ungauged sites[J]. Journal of Hydrology, 2007, 343(3-4):254-265.

［10］LÓOPEZ J, FRANCÉS F. Non-stationary flood frequency analysis in continental Spanish rivers, using climate and reservoir indices as external covariates[J]. Hydrology and Earth System Sciences, 2013,17(8):3189-3203.

［11］BENYAHYA L, GACHON P, ST-HILAIRE A, et al. Frequency analysis of seasonal extreme precipitation in southern Quebec(Canada)：an evaluation of regional climate model simulation with respect to two gridded datasets[J]. Hydrology Research,2014,45(1):115-133.

［12］KHALIQ M N, OUARDA T B M J, ONDO J C, et al. Frequency analysis of a sequence of dependent and/or non-stationary hydro-meteorological observations：A review[J]. Journal of Hydrology, 2006,329(3-4):534-552.

［13］郝振纯，鞠琴，王璐，等. 气候变化下淮河流域极端洪水情景预估[J]. 水科学进展，2011,22(5):605-614.

［14］吴志勇，陆桂华，刘志雨，等. 气候变化背景下珠江流域极端洪水事件的变化趋势[J]. 气候变化研究进展，2012,8(6):403-408.

［15］徐东霞，章光新，尹雄锐. 近50年嫩江流域径流变化及影响因素分析[J]. 水科学进展，2009,20(3):416-421.

［16］SCHMOCKER-FACKEL P, NAEF F. More frequent flooding? Changes in flood frequency in Switzerland since 1850[J]. Journal of Hydrology, 2010,381:1-8.

［17］SCHIERMEIER Q. Increased flood risk linked to global warming：likelihood of extreme rainfall may have been doubled by rising greenhouse-gas levels [J]. Nature, 2011,470(7334):316.

［18］BARNETT T P, PIERCE D W, HIDALGO H G, et al. Human-induced changes in the hydrology of the Western United States[J]. Science, 2008,319(5866):1080-1083.

［19］SUN Y, SOLOMON S, DAI A, et al. How often will it rain? [J]. Journal of Climate, 2007,20(19):4801-4818.

［20］李运刚，胡金明，何大明，等. 1960—2007年红河流域强降水事件频次和强度变化及其影响[J]. 地理研究，2013,32(1):64-72.

［21］胡义明，梁忠民. 基于跳跃分析的非一致性水文频率计算[J]. 东北水利水电，2011,29(7):38-40.

［22］MILLY P C D,BETANCOURT J,FALKENMARK M, et al. Stationarity is dead: whither water management[J]. Science, 2008, 319 (5863):573-574.

[23] VILLARINI G, SMITH J A, SERINALDI F, et al. Flood frequency analysis for nonstationary annual peak records in an urban drainage basin[J]. Advances in Water Resources, 2009,32(8):1255-1266.

[24] OLSEN J R. Climate change and floodplain management in the United States[J]. Climatic Change, 2006,76(3):407-426.

[25] SARHADI A, BURN D H, AUSÍN M C, et al. Time - varying non-stationary multivariate risk analysis using a dynamic Bayesian copula [J]. Water Resources Research, 2016,52(3):2327-2349.

[26] BENDER J, WAHL T, JENSEN J. Multivariate design in the presence of non-stationarity[J]. Journal of Hydrology, 2014,514:123-130.

[27] 胡义明, 梁忠民, 姚轶, 等. 变化环境下水文设计值计算方法研究综述 [J]. 水利水电科技进展, 2018, 38(4):89-94.

[28] WOO M, THORNE R. Comment on 'Detection of hydrologic trends and variability' by Burn, D. H. and Hag Elnur, M. A. , 2002. Journal of Hydrology 255, 107-122[J]. Journal of Hydrology, 2003,277(1-2): 150-160.

[29] LINS H F, SLACK J R. Streamflow trends in the United States[J]. Geophysical Research Letters, 1999,26(2):227-230.

[30] DOUGLAS E M, VOGEL R M, KROLL C N. Trends in floods and low flows in the United States: impact of spatial correlation[J]. Journal of Hydrology, 2000,240(1-2):90-105.

[31] GROISMAN P Y, EASTERLING D R. Variability and trends of total precipitation and snowfall over the United States and Canada[J]. Journal of Climate, 1994,7(1):184-205.

[32] 邓育仁, 高荣松, 丁晶. 随机水文学(三)[J]. 四川水力发电, 1986(1): 81-88.

[33] 邓育仁, 高荣松, 丁晶. 随机水文学(四)[J]. 四川水力发电, 1986(2): 88-92.

[34] 李永坤,薛联青,丁晓洁,等. 塔里木河流域上游径流变化特征分析[J]. 水电能源科学,2011,29(7):10-12.

[35] 李国芳,童奕懿,周姣艳. 漳河年径流量的变化趋势研究[J]. 水电能源科学,2009,27(5):1-3.

[36] PERREAULT L, BERNIER J, BOBÉE B, et al. Bayesian change-point analysis in hydrometeorological time series. Part 1. The normal model revisited[J]. Journal of Hydrology,2000,235(3-4):221-241.

[37] PERREAULT L, BERNIER J, BOBÉE B, et al. Bayesian change-point analysis in hydrometeorological time series. Part 2. Comparison of change-point models and forecasting[J]. Journal of Hydrology,2000,235(3-4):242-263.

[38] 谢平,陈广才,李德,等. 水文变异综合诊断方法及其应用研究[J]. 水电能源科学,2005(2):11-14.

[39] 周寅康,张捷. 长江下游地区近五百年洪涝序列的 R/S 分析[J]. 自然灾害学报,1997(2):78-84.

[40] 谢平,陈广才,雷红富,等. 水文变异诊断系统[J]. 水力发电学报,2010,29(1):85-91.

[41] DIETZ E J, KILLEEN T J. A Nonparametrie multivariate test for monotone trend with pharmaceutical applications[J]. Journal of the American Statistical Association,1981,76(373):169-174.

[42] CHEBANA F, OUARDA T B M J, DUONG T C. Testing for multivariate trends in hydrologic frequency analysis[J]. Journal of Hydrology,2013,486:519-530.

[43] LETTENMAIER D P. Multivariate nonparametric tests for trend in water quality 1[J]. Journal of the American Water Resources Association,1988,24(3):505-512.

[44] HIRSCH R M, SLACK J R. A nonparametric trend test for seasonal data with serial dependence[J]. Water Resources Research,1984,20(6):727-732.

[45] HAMED K H, RAO A R. A modified Mann-Kendall trend test for

autocorrelated data[J]. Journal of Hydrology，1998，204(1-4)：182-196.

［46］ 王乐，刘德地，李天元，等. 基于多变量 M-K 检验的北江流域降水趋势分析[J]. 水文，2015,35(4):85-90.

［47］ 张建成.基于多变量 M-K 检验的大凌河流域降水趋势分析[J].黑龙江水利科技，2020，48(1):29-33.

［48］ LAVIELLE M，TEYSSIÈRE G. Detection of multiple change-points in multivariate time series[J]. Lithuanian Mathematical Journal，2006，46(3)：287-306.

［49］ LUNG-YUT-FONG A，LÉVY-LEDUC C，CAPPÉ O. Homogeneity and change-point detection tests for multivariate data using rank statistics[J]. Statistics，2011，123(3)：523-531.

［50］ MATTESON D S，JAMES N A. ecp：Non-parametric multiple change-point analysis of multivariate data[J]. Journal of Statistical Software，2015,62(1):1-25.

［51］ HAWKINS D M. Fitting multiple change-point models to data[J]. Computational Statistics & Data Analysis，2001,37(3)：323-341.

［52］ GOMBAY E，HORVÁTH L. On the rate of approximations for maximum likelihood tests in change-point models[J]. Journal of Multivariate Analysis，1996,56(1)：120-152.

［53］ BERKES I，GOMBAY E，HORVÁTH L. Testing for changes in the covariance structure of linear processes[J]. Journal of Statal Planning and Inference，2009，139(6)：2044-2063.

［54］ HOLMES M，KOJADINOVIC I，QUESSY J. Nonparametric tests for change-point detection à la Gombay and Horváth[J]. Journal of Multivariate Analysis，2013,115:16-32.

［55］ BÜCHER A，KOJADINOVIC I，ROHMER T，et al. Detecting changes in cross-sectional dependence in multivariate time series[J]. Journal of Multivariate Analysis，2014,132:111-128.

［56］ BEN AISSIA M A，CHEBANA F，OUARDA T B M J，et al. Dependence evolution of hydrological characteristics, applied to floods in a climate change context in Quebec[J]. Journal of Hydrology, 2014,519 (Part A):148-163.

[57] NELSEN R B. An Introduction to Copulas[J]. Technometrics, 2000, 42(3) :317.

[58] NELSEN R B. An Introduction to Copulas (Springer Series in Statistics)[M]. Dordrecht: Springer, 2006.

[59] SALVADORI G, DE MICHELE C, KOTTEGODA N T, et al. Extremes in nature: An approach using copulas[M]. Dordrecht: Springer, 2007.

[60] DIAS A, EMBRECHTS P. Change-point analysis for dependence structures in finance and insurance[J]. Risk Measures for the 21st Century, Giorgio Szegoe (Ed.), Wiley Finance Series, 2004: 321-335.

[61] HORVÁTH L,CSÖRGÖ M. Limit theorems in change-point analysis [M]. New York: Wiley, 1997:1-66.

[62] BOUZEBDA S, KEZIOU A. A semiparametric maximum likelihood ratio test for the change point in copula models[J]. Statistical Methodology, 2013,14(3):39-61.

[63] BENDER J, WAHL T, JENSEN J. Multivariate design in the presence of non-stationarity[J]. Journal of Hydrology, 2014,514:123-130.

[64] JIANG C, XIONG L H, XU C Y, et al. Bivariate frequency analysis of nonstationary low-flow series based on the time-varying copula[J]. Hydrological Processes, 2015,29(6):1521-1534.

[65] YE W Y, MIAO B Q. Analysis of sub-prime loan crisis contagion based on change point testing method of copula[J]. Chinese Journal of Management Science, 2009,17(3):1-7.

[66] GUÉGAN D, ZHANG J. Change analysis of a dynamic copula for measuring dependence in multivariate financial data[J]. Quantitative Finance, 2010,10(4):421-430.

[67] BOUBAKER H, SGHAIER N. Instability and dependence structure

between oil prices and GCC stock markets[J]. Energy Studies Review, 2014,20(3):50-65.

[68] XIONG L H, JIANG C, XU C Y, et al. A framework of change-point detection for multivariate hydrological series[J]. Water Resources Research, 2015,51(10):8198-8217.

[69] 张建云, 王国庆, 刘九夫, 等. 气候变化权威报告——IPCC 报告[J]. 中国水利, 2008(2):38-40.

[70] TAYLOR K E, STOUFFER R J, MEEHL G A. An overview of CMIP5 and the experiment design[J]. Bulletin of the American Meteorological Society, 2012,93(4):485-498.

[71] ZHANG J, LAURENT L, ZHOU T J, et al. Evaluation of spring persistent rainfall over East Asia in CMIP3/CMIP5 AGCM simulations[J]. Advences in Atmospheric Sciences, 2013,30(6):1587-1600.

[72] JOETZJER E, DOUVILLE H, DELIRE C, et al. Present-day and future Amazonian precipitation in global climate models: CMIP5 versus CMIP3[J]. Climate Dynamics, 2013,41(11-12):2921-2936.

[73] GUO Y, DONG W J, REN F M, et al. Surface air temperature simulations over China with CMIP5 and CMIP3[J]. Advances in Climate Change Research, 2013,4(3):145-152.

[74] 张蓓, 戴新刚, 杨阳. 21 世纪前期中国降水预估及其订正[J]. 大气科学, 2019,43(6):1385-1398.

[75] 林慧, 王景才, 蒋陈娟. CMIP5 模式对淮河流域气候要素的模拟评估及未来情景预估[J]. 人民珠江, 2019,40(12):43-50.

[76] 杨阳, 戴新刚, 唐恒伟, 等. CMIP5 模式降水订正法及未来 30 年中国降水预估[J]. 气候与环境研究, 2019,24(6):769-784.

[77] 张林燕, 郑巍斐, 杨肖丽, 等. 基于 CMIP5 多模式集合和 PDSI 的黄河源区干旱时空特征分析[J]. 水资源保护, 2019,35(6):95-99.

[78] VUUREN D P V, STEHFEST E, ELZEN M G J D, et al. RCP2.6: exploring the possibility to keep global mean temperature increase below 2℃[J]. Climatic Change, 2011,109:95-116.

［79］THOMSON A M，CALVIN K V，SMITH S J，et al. RCP4. 5：a pathway for stabilization of radiative forcing by 2100［J］. Climatic Change，2011，109：77-94.

［80］RIAHI K，RAO S，KREY V，et al. RCP8. 5—A scenario of comparatively high greenhouse gas emissions［J］. Climatic Change，2011，109：33-57.

［81］MOSS R H，EDMONDS J A，HIBBARD K A，et al. The next generation of scenarios for climate change research and assessment［J］. Nature，2010，463(7282)：747-756.

［82］SEMENOV M A，STRATONOVITCH P. Use of multi-model ensembles from global climate models for assessment of climate change impacts［J］. Climate Research，2010，41(1)：1-14.

［83］BARNSTON A G，MASON S J，GODDARD L，et al. Multimodel ensembling in seasonal climate forecasting at IRI［J］. Bulletin of the American Meteorological Society，2003，84(12)：1783-1796.

［84］陈威霖，江志红，黄强. 基于统计降尺度模型的江淮流域极端气候的模拟与预估［J］. 大气科学学报，2012，35(5)：578-590.

［85］成爱芳，冯起，张健恺，等. 未来气候情景下气候变化响应过程研究综述［J］. 地理科学，2015，35(1)：84-90.

［86］于海鹏，黄建平，张强，等. 利用历史观测资料订正 CMIP5 全球降水年代际预测［C］//中国气象学会年会. 第 34 届中国气象学会 S6 东亚气候多时间尺度变异机理及气候预测论文集. 2017.

［87］HUANG P，YING J. A Multimodel ensemble pattern regression method to correct the tropical pacific SST change patterns under global warming［J］. Journal of Climate，2015，28(12)：4706-4723.

［88］HUANG J P，YU H P，GUAN X D，et al. Accelerated dryland expansion under climate change［J］. Nature Climate Change，2016，6(2)：166-171.

［89］ZHANG X L，YAN X D. A new statistical precipitation downscaling method with Bayesian model averaging：a case study in China［J］.

Climate Dynamics，2015，45：2541-2555.

［90］ 田向军，谢正辉，王爱慧，等. 一种求解贝叶斯模型平均的新方法［J］.
中国科学：地球科学，2011，41(11)：1679-1687.

［91］ XU Z F，YANG Z L. An improved dynamical downscaling method with
GCM bias corrections and its validation with 30 years of climate simula-
tions［J］. Journal of Climate，2012，25(18)：6271-6286.

［92］ 范丽军，符淙斌，陈德亮. 统计降尺度法对华北地区未来区域气温变化
情景的预估［J］. 大气科学，2007，31(5)：887-897.

［93］ FAN L J，FU C B，CHEN D L. Long-term trend of temperature derived
by statistical downscaling based on EOF analysis［J］. Acta Meteorologi-
ca Sinica，2011，25(3)：327-339.

［94］ ZOU L W，ZHOU T J. Near future (2016—40) summer precipitation
changes over China as projected by a regional climate model (RCM)
under the RCP8. 5 emissions scenario：Comparison between RCM
downscaling and the driving GCM［J］. Advances in Atmospheric
Sciences，2013，30(3)：806-818.

［95］ 于灏，周筠珺，李倩，等. 基于 CMIP5 模式对四川盆地湿季降水与极端
降水的研究［J］. 高原气象，2020，39(1)：68-79.

［96］ 孙建奇，马洁华，陈活泼，等. 降尺度方法在东亚气候预测中的应用［J］.
大气科学，2018，42(4)：806-822.

［97］ 梁忠民，胡义明，黄华平. 非一致性条件下水文设计值估计方法探讨
［J］. 南水北调与水利科技，2016(1)：50-53＋83.

［98］ 熊立华，江聪，杜涛，等. 变化环境下非一致性水文频率分析研究综述
［J］. 水资源研究，2015，4(4)：310-319.

［99］ LÓPEZ J，FRANCÉS F. Non-stationary flood frequency analysis in
continental Spanish rivers，using climate and reservoir indices as exter-
nal covariates［J］. Hydrology and Earth System Sciences，2013，17(8)：
3189-3203.

［100］ DU T，XIONG L H，XU C Y，et al. Return period and risk analysis of
nonstationary low-flow series under climate change［J］. Journal of Hy-

drology，2015，527：234-250.

[101] 胡义明，梁忠民，杨靖，等. 贝叶斯框架下等可靠度法推求洪水设计值的不确定性分析[J]. 水资源研究，2016，5(6)：530-537.

[102] 叶长青，陈晓宏，张家鸣，等. 水库调节地区东江流域非一致性水文极值演变特征、成因及影响[J]. 地理科学，2013，33(7)：851-858.

[103] OLSEN J R，LAMBERT J，HAIMES Y，et al. Risk of extreme events under nonstationary conditions[J]. Risk Analysis，1998，4(18)：497-510.

[104] PAREY S，HOANG T T H，DACUNHA-CASTELLE D. Different ways to compute temperature return levels in the climate change context[J]. Environmetrics，2010，21(7-8)：698-718.

[105] OBEYSEKERA J，SALAS J D. Frequency of recurrent extremes under nonstationarity[J]. Journal of Hydrologic Engineering，2016，21(5)：1-9.

[106] ROOTZÉN H，KATZ R W. Design life level：quantifying risk in a changing climate[J]. Water Resources Research，2013，49(9)：5964-5972.

[107] READ L K，VOGEL R M. Reliability，return periods，and risk under nonstationarity[J]. Water Resources Research，2015，51(8)：6381-6398.

[108] 张建云，宋晓猛，王国庆，等. 变化环境下城市水文学的发展与挑战——I. 城市水文效应[J]. 水科学进展，2014，25(4)：594-605.

[109] 梁忠民，胡义明，王军，等. 基于等可靠度法的变化环境下工程水文设计值估计方法[J]. 水科学进展，2017，28(3)：398-405.

[110] LOVERIDGE M，RAHMAN A，HILL P. Applicability of a physically based soil water model (SWMOD) in design flood estimation in eastern Australia[J]. Hydrology Research，2017，48(5-6)：1652-1665.

[111] SHAFAEI M，FAKHERI-FARD A，DINPASHOH Y，et al. Modeling flood event characteristics using D-vine structures[J]. Theoretical and Applied Climatology，2017，130(3-4)：1-12.

[112] SALVADORI G, MICHELE C D, DURANTE F. On the return period and design in a multivariate framework[J]. Hydrology and Earth System Sciences, 2011,15(11):3293-3305.

[113] XIAO Y, GUO S L, LIU P, et al. Design flood hydrograph based on multicharacteristic synthesis index method[J]. Journal of Hydrologic Engineering, 2009,14(12):1359-1364.

[114] 徐加林,徐宝林,徐立萍. 由流量资料推求设计洪水特征值的原理、方法及应用[J]. 中国防汛抗旱, 2015(2):60-62+79.

[115] SALVADORI G, MICHELE C D. Frequency analysis via copulas: Theoretical aspects and applications to hydrological events[J]. Water Resources Research, 2004,40(12):1-17.

[116] BALISTROCCHI M, BACCHI B. Derivation of flood frequency curves through a bivariate rainfall distribution based on copula functions: application to an urban catchment in northern Italy's climate[J]. Hydrology Research, 2017,48(3-4):749-762.

[117] ZHENG F, WESTRA S, SISSON S A, et al. Flood risk estimation in Australia's coastal zone: Modelling the dependence between extreme rainfall and storm surge[J]. Water Resources Research, 2014(50):2050-2071.

[118] ZHENG F, WESTRA S, SISSON S A. Quantifying the dependence between extreme rainfall and storm surge in the coastal zone[J]. Journal of Hydrology, 2013,505:172-187.

[119] SALVADORI G, DURANTE F, MICHELE C D. Multivariate return period calculation via survival functions[J]. Water Resources Research, 2013,49(4):2308-2311.

[120] VANDENBERGHE S, VERHOEST N E C, ONOF C, et al. A comparative copula-based bivariate frequency analysis of observed and simulated storm events: A case study on Bartlett-Lewis modeled rainfall[J]. Water Resources Research, 2011,47(7):1-16.

[121] FAVRE A C, ADLOUNI S E, PERREAULT L, et al. Multivariate

hydrological frequency analysis using copulas[J]. Water Resources Research，2004，40(1)：290-294.

[122] 宋松柏. Copula 函数在水文多变量分析计算中的问题[J]. 人民黄河，2019，41(10)：40-47＋57.

[123] 冯平，李新. 基于 Copula 函数的非一致性洪水峰量联合分析[J]. 水利学报，2013，44(10)：1137-1147.

[124] BENDER J，WAHL T，JENSEN J. Multivariate design in the presence of non-stationarity[J]. Journal of Hydrology，2014，514：123-130.

[125] SARHADI A，BURN D H，AUSÍN M C，et al. Time-varying nonstationary multivariate risk analysis using a dynamic Bayesian copula[J]. Water Resources Research，2016，52(3)：2327-2349.

[126] QI W，LIU J G. A non-stationary cost-benefit based bivariate extreme flood estimation approach[J]. Journal of Hydrology，2018，557：589-599.

[127] BRACKEN C，HOLMAN K D，RAJAGOPALAN B，et al. A bayesian hierarchical approach to multivariate nonstationary hydrologic frequency analysis[J]. Water Resources Research，2018，54(1)：243-255.

[128] GIANFAUSTO S，FABRIZIO D，CARLO D M，et al. Hazard assessment under multivariate distributional change-points：Guidelines and a flood case study[J]. Water，2018，10(6)：751.

[129] KWON H H，LALL U，KIM S J. The unusual 2013—2015 drought in South Korea in the context of a multicentury precipitation record：Inferences from a nonstationary，multivariate，Bayesian copula model[J]. Geophysical Research Letters，2016，43(16)：8534-8544.

[130] GUO S L，CHEN L，SINGH V P. Flood coincidence risk analysis using multivariate copula functions[J]. Journal of Hydrologic Engineering，2012，17(6)：742-755.

[131] QUESSY J，SAD M，FAVRE A C. Multivariate Kendall's tau for change-point detection in copulas[J]. Canadian Journal of Statistics，2013，41(1)：65-82.

[132] YAN L, XIONG L H, GUO S L, et al. Comparison of four nonstationary hydrologic design methods for changing environment[J]. Journal of Hydrology, 2017,551:132-150.

[133] GONG X, CUI J L, JIANG Z P, et al. Risk factors for pedicled flap necrosis in hand soft tissue reconstruction: a multivariate logistic regression analysis[J]. ANZ Journal of Surgery, 2018, 88(3):127-131.

[134] JIANG C, XIONG L H, XU C Y, et al. Bivariate frequency analysis of nonstationary low-flow series based on the time-varying copula[J]. Hydrological Processes, 2015,29(6):1521-1534.

[135] SALAS J D, OBEYSEKERA J. Revisiting the concepts of return period and risk for nonstationary hydrologic extreme events[J]. Journal of Hydrologic Engineering, 2014,19(3):554-568.

[136] RIBEIRO L C, RUIZ R M, BERNARDES A T,et al. Matrices of science and technology interactions and patterns of structured growth: Implications for development[J]. Scientometrics, 2010, 83(1):55-75.

[137] JIANG C, XIONG L H, YAN L, et al. Multivariate hydrologic design methods under nonstationary conditions and application to engineering practice[J]. Hydrology and Earth System Sciences, 2019, 23(3):1683-1704.

[138] LIANG Z M, CHANG W J, LI B Q. Bayesian flood frequency analysis in the light of model and parameter uncertainties[J]. Stochastic Environmental Research & Risk Assessment, 2012,26(5):721-730.

[139] 丁晶, 高荣松, 邓育仁. 随机水文学[J]. 四川水力发电, 1984(2):104-110.

[140] 王文圣, 金菊良, 丁晶. 随机水文学[M]. 北京:中国水利水电出版社, 2008.

[141] BOBÉE B, ASHKAR F. The gamma family and derived distributions applied in hydrology[M]. Littleton, Colo. , U. S. A: Water Resources Publications, 1991.

[142] HIRSCH R M, SLACK J R, SMITH R A. Techniques of trend analysis for monthly water quality data[J]. Water Resources Research, 1982,18(1):107-120.

[143] SMITH E P, RHEEM S, HOLTZMAN G I. Multivariate assessment of trend in environmental variables[J]. Multivariate Environmental Statistics. Amsterdam, Elsevier, 1993: 491-507.

[144] KHALIQ M N, OUARDA T B M J, GACHON P, et al. Identification of hydrological trends in the presence of serial and cross correlations: A review of selected methods and their application to annual flow regimes of Canadian rivers[J]. Journal of Hydrology, 2009,368(1-4):117-130.

[145] BHATTACHARYYA G K, KLOTZ J H. The bivariate trend of Lake Mendota[D]. Madison: University of Wisconsin, 1966.

[146] 丁晶, 邓育仁. 随机水文学[M]. 成都: 成都科技大学出版社, 1988.

[147] BERNAOLA-GALVÁN P, IVANOV P C, NUNES AMARAL L A, et al. Scale invariance in the nonstationarity of human heart rate[J]. Physical Review Letters, 2001, 87(16):168-175.

[148] 陈广才, 谢平. 基于启发式分割算法的水文变异分析研究[J]. 中山大学学报(自然科学版), 2008,47(5):122-125.

[149] 龚志强. 基于非线性时间序列分析方法的气候突变检测研究[D]. 扬州: 扬州大学, 2006.

[150] GROEN J J J, KAPETANIOS G, PRICE S. Multivariate methods for monitoring structural change[J]. Journal of Applied Econometrics, 2013, 28(2): 250-274.

[151] 高桢. 时间序列变化点检测算法研究及应用[D]. 济南: 山东大学, 2018.

[152] 谢平, 陈广才, 雷红富, 等. 水文变异诊断系统[J]. 水力发电学报, 2010,29(1):85-91.

[153] 李振朝, 韦志刚, 吕世华, 等. CMIP5 部分气候模式气温和降水模拟结果在北半球及青藏高原的检验[J]. 高原气象, 2013,32(4):921-928.

[154] TAYLOR K E. Summarizing multiple aspects of model performance in a single diagram[J]. Journal of Geophysical Research: Atmospheres,

2001,106(D7):7183-7192.

[155] 蒋帅,江志红,李伟,等. CMIP5 模式对中国极端气温及其变化趋势的模拟评估[J]. 气候变化研究进展,2017,13(1):11-24.

[156] 陈峥,甘波澜,吴立新. 基于 CMIP3 与 CMIP5 模式对北太平洋大气环流模态的评估分析[J]. 中国海洋大学学报(自然科学版),2018,48(1):1-11.

[157] 韩春凤,刘健,王志远. 通用地球系统模式对亚洲夏季风降水的模拟能力评估[J]. 气象科学,2017,37(2):151-160.

[158] SCHUENEMANN K C , CASSANO J J . Changes in synoptic weather patterns and Greenland precipitation in the 20th and 21st centuries: 1. Evaluation of late 20th century simulations from IPCC models[J]. Journal of Geophysical Research Atmospheres,2009,114(D20):1-5.

[159] 张凯锋,曹宁,张敏. CMIP5 多模式下的 ENSO 模拟评估及非对称性特征分析[J]. 成都信息工程大学学报,2019,34(3):278-286.

[160] LEAMER E E. Specification searches:Ad hoc inference with nonexperimental data[M]. New York:Wiley,1978.

[161] KASS R E, RAFTERY A E. Bayes factors[J]. Journal of the American Statistical Association,1995,90(430): 773-795.

[162] RAFTERY A E. Bayesian model selection in structural equation models [J]. Sage Focus Editions,1993,154:163-163.

[163] FISHER R A. On the mathematical foundations of theoretical statistics [J]. Philosophical Transactions of the Royal Society of London,1922:222.

[164] CASELLA G, BERGER R L. Statistical inference[M]. 2nd ed. New York:Brooks Cole,2001:1-649.

[165] DEMPSTER A P, LAIRD N M, RUBIN D B. Maximum likelihood from incomplete data via the EM algorithm author[J]. Journal of the Royal Statistical Society,1977,39:1-38.

[166] MCLACHLAN G J, KRISHNAN T. The EM algorithm and extensions [M]. Hoboken:John Wiley & Sons,2007.

[167] WU C F J. On the convergence properties of the EM algorithm[J]. Annals of Statistics, 1983,11(1):95-103.

[168] GENEST C, RIVEST L P. Statistical inference procedures for bivariate Archimedean copulas[J]. Journal of the American Statistical Association, 1993, 88(423): 1034-1043.

[169] JOE H. Multivariate models and multivariate dependence concepts[M]. London: Chapman & Hall, 1997.

[170] JOE H. Dependence modeling with copulas[M]. Boca Raton: Crc Press, 2014.

[171] GEERDENS C, CZADO C. Analyzing dependent data with vine copulas: A practical guide with R[M]. Switzerland: Springer, 2019.

[172] AAS K, CZADO C, FRIGESSI A, et al. Pair-copula constructions of multiple dependence[J]. Insurance Mathematics & Economics, 2009 (44):182-198.

[173] BEDFORD T, COOKE R M. Probability density decomposition for conditionally dependent random variables modeled by vines[J]. Annals of Mathematics and Artificial Intelligence, 2001, 32(1):245-268.

[174] GENEST C, GHOUDI K, RIVEST L P. "Understanding relationships using copulas," by Edward Frees and Emiliano Valdez, January 1998[J]. North American Actuarial Journal, 1998, 2(3):143-149.

[175] BARNETT T P, PIERCE D W, HIDALGO H G, et al. Human-induced changes in the hydrology of the western United States[J]. Science, 2008, 319(5866): 1080-1083.

[176] KOTZ S, 吴喜之. 现代贝叶斯统计学[M]. 北京:中国统计出版社, 2000.

[177] 茆诗松. 贝叶斯统计[M]. 北京:中国统计出版社, 1999.

[178] GEMAN S, GEMAN D. Stochastic relaxation, Gibbs distributions, and the Bayesian restoration of images[J]. IEEE Transactions on Pattern Analysis & Machine Intelligence, 1984,6:721-741.

[179] HAARIO H. An adaptive metropolis algorithm[J]. Bernoulli, 2001,

7(2):223-242.

[180] 马跃渊，徐勇勇，郭秀娥. MCMC 收敛性诊断的方差比法及其应用[J]. 中国卫生统计，2004,21(3):154-156.

[181] AKAIKE H T. A new look at the statistical model identification[J]. IEEE Transactions on Automatic Control，1974，19(6):716-723.

[182] HOSSAIN M Z. Modified Akaike Information Criterion（MAIC）for statistical model selection[J]. Pakistan Journal of Statistics，2002，18(3):1-5.

[183] ZHAO L C, DOREA C C Y, GONÇALVES C R. On determination of the order of a Markov Chain[J]. Statistical Inference for Stochastic Processes，2001,4(3):273-282.

[184] SPIEGELHALTER D J, BEST N G, CARLIN B P, et al. Bayesian measures of model complexity and fit[J]. Journal of the Royal Statistical Society，2002,64(4):583-639.

[185] GRÄLER B, VAN DEN BERG M J, VANDENBERGHE S, et al. Multivariate return periods in hydrology: A critical and practical review focusing on synthetic design hydrograph estimation[J]. Hydrology & Earth System Sciences，2013,17(4):1281-1296.

[186] REQUENA A I, MEDIERO L, GARROTE L. A bivariate return period based on copulas for hydrologic dam design: accounting for reservoir routing in risk estimation[J]. Hydrology and Earth System Sciences，2013，17(8):3023-3038.

[187] SINHA B K, MANDAL N K, PAL M, et al. Optimal mixture experiments[M]. Dordrecht:Springer，2014.

[188] 方彬，郭生练，肖义，等. 年最大洪水两变量联合分布研究[J]. 水科学进展，2008,19(4):505-511.

[189] VOLPI E, FIORI A. Hydraulic structures subject to bivariate hydrological loads: Return period, design, and risk assessment[J]. Water Resources Research，2014,50(2):885-897.

[190] GENEST C, RIVEST L P. On the multivariate probability integral

transformation[J]. Statistics and Probability Letters，2001，53（4）：391-399.

[191] GENEST C，RIVEST L P. Statistical inference procedures for bivariate archimedean copulas[J]. Journal of the American Statistical Association，1993(88)：1034-1043.

[192] 张洁，梁忠民，胡义明，等. 变化环境下考虑线型不确定性的水文设计值估计[J]. 中国农村水利水电，2019(2)：67-70.

[193] 郭生练，尹家波，刘章君，等. 基于多变量条件最可能组合推求设计洪水过程线的方法：CN104615907A[P]. 2015-05-13.

[194] 李天元，郭倩，张睿，等. 条件期望在两变量洪水频率分析中的应用[J]. 人民长江，2016,47(13)：12-15.

[195] 刘和昌，梁忠民，姚轶，等. 基于Copula函数的水文变量条件组合分析[J]. 水力发电，2014,40(5)：13-16.

附图

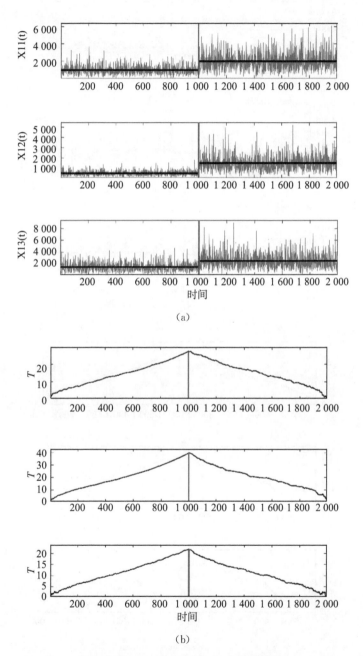

（a）

（b）

图1　情形1样本序列及统计量过程线

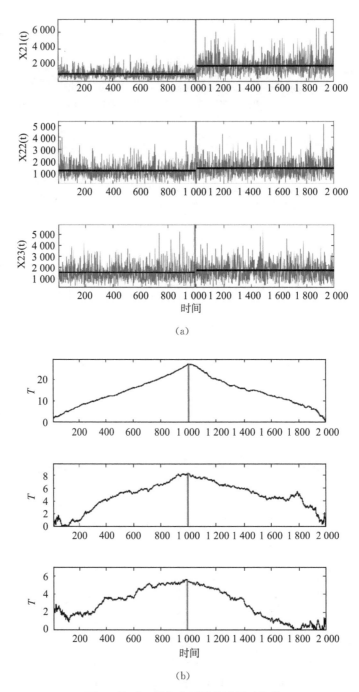

图 2　情形 2 样本序列及统计量过程线

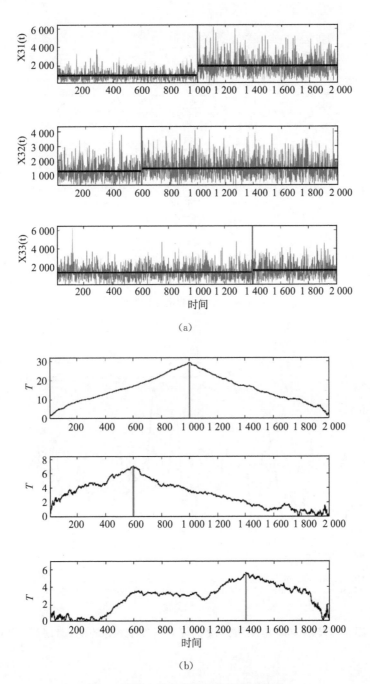

图 3　情形 3 样本序列及统计量过程线

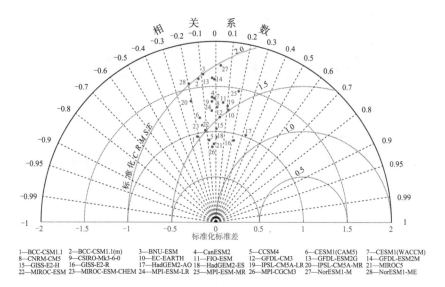

1—BCC-CSM1.1   2—BCC-CSM1.1(m)   3—BNU-ESM   4—CanESM2   5—CCSM4   6—CESM1(CAM5)   7—CESM1(WACCM)
8—CNRM-CM5   9—CSIRO-Mk3-6-0   10—EC-EARTH   11—FIO-ESM   12—GFDL-CM3   13—GFDL-ESM2G   14—GFDL-ESM2M
15—GISS-E2-H   16—GISS-E2-R   17—HadGEM2-AO   18—HadGEM2-ES   19—IPSL-CM5A-LR 20—IPSL-CM5A-MR   21—MIROC5
22—MIROC-ESM 23—MIROC-ESM-CHEM 24—MPI-ESM-LR   25—MPI-ESM-MR   26—MPI-CGCM3   27—NorESM1-M   28—NorESM1-ME

图 4   各模式标准化泰勒图

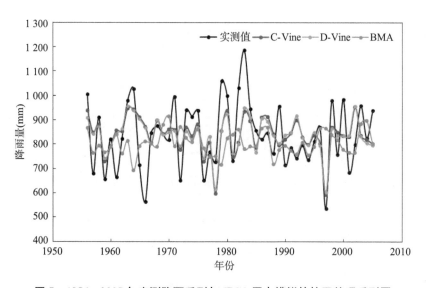

图 5   1956—2005 年实测降雨系列与 IPCC 历史模拟的校正处理系列图